가꾼다는 것

너머학교 열린교실 16

가꾼다는 것

박사 글 · 그림

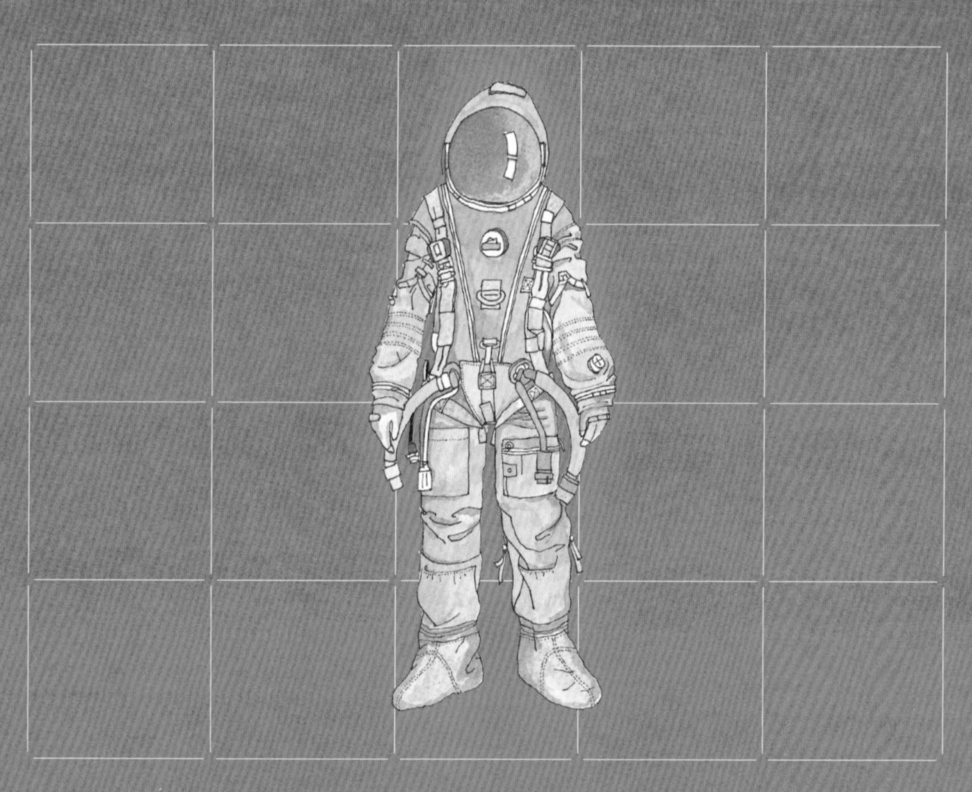

너머학교

MUTT
1917

사람은 자연학적으로는 단 한 번 태어나고 죽지만 인문학적으로는 여러 번 태어나고 죽습니다. 세포의 배열을 바꾸지도 않은 채 우리의 앎과 믿음, 감각이 완전 다른 것으로 변할 수 있습니다. 이것은 그리 신비한 이야기가 아닙니다. 이제까지 나를 완전히 사로잡던 일도 갑자기 시시해질 수 있고, 어제까지 아무렇지도 않게 산 세상이 오늘은 숨을 조이는 듯 답답하게 느껴질 때가 있습니다. 내가 다른 사람이 된 것이지요.

어느 철학자의 말처럼 꿀벌은 밀랍으로 자기 세계를 짓지만, 인간은 말로써, 개념들로써 자기 삶을 만들고 세계를 짓습니다. 우리가 가진 말들, 우리가 가진 개념들이 우리의 삶이고 우리의 세계입니다. 또 그것이 우리 삶과 세계의 한계이지요. 따라서 삶을 바꾸고 세계를 바꾸는 일은 항상 우리 말과 개념을 바꾸는 일에서 시작하고 또 그것으로 나타납니다. 우리의 깨우침과 우리의 배움이 거기서 시작하고 거기서 나타납니다.

아이들은 말을 배우며 삶을 배우고 세상을 배웁니다. 그들은 그렇게 말을 만들어 가며 삶을 만들어 가고 자신이 살아갈 세계를 만들어 가지요. '생각교과서—열린교실' 시리즈를 준비하며, 우리는 새로운 삶을 준비하는 모든 사람들, 아이로 돌아간 모든 사람들에게 새롭게 말을 배우자고 말하고자 합니다.

무엇보다 삶의 변성기를 경험하고 있는 십대 친구들에게 언어의 변성기 또한 경험하라고 말하고 싶습니다. 그래서 자기 삶에서 언어의 새로운 의미를 발견한 분들에게 그것을 들려 달라고 부탁했습니다. 사전에 나오지 않는 그 말뜻을 알려 달라고요. 생각한다는 것, 탐구한다는 것, 기록한다는 것, 읽는다는 것, 느낀다는 것, 믿는다는 것, 논다는 것, 본다는 것, 잘 산다는 것, 사람답게 산다는 것, 그린다는 것, 관찰한다는 것, 말한다는 것, 이야기한다는 것, 기억한다는 것, 가꾼다는 것……. 이 모든 말의 의미를 다시 물었습니다. 그리고 서로의 말을 배워 보자고 했습니다.

'생각교과서—열린교실' 시리즈가 새로운 말, 새로운 삶이 태어나는 언어의 대장간, 삶의 대장간이 되었으면 합니다. 무엇보다 배움이 일어나는 장소, 학교 너머의 학교, 열려 있는 교실이 되었으면 합니다. 우리 모두가 아이가 되어 다시 발음하고 다시 뜻을 새겼으면 합니다. 서로에게 선생이 되고 서로에게 제자가 되어서 말이지요.

고병권

차례

작지만 완벽한, 내-생태계

세계에 대해 생각해 본 적이 있을 거야. 그 넓이와 높이에 대해서 말이야. 사람들이 보통 말하는 '세계'는 너무나 넓지. 내가 상상하기 어려운 온갖 나라와 동네가 그 안에 바글바글 들어 있어. 훌륭한 과학자들도 크기조차 가늠 못 하는 우주도 '세계' 안에 있으니, 그 규모야 말해 무엇하려고.

하지만, '내 세계'는 다르지. 내 세계는 내가 알고 있는 곳이기도 하고, 내 힘이 미치는 곳이기도 해. 내 세계의 크기는 정해져 있지 않아. 내가 자라나면서 내 세계도 커지지. 마치 나를 둘러싼 풍선처럼. 성장이란 단지 키가 몇 센티 더 자라고 몸무게가 얼마나 더 느는가 하는 단순한 수치로 측정될 수 있는 것이 아니야. 내 세계가 커지고 넓어지는 것. 내 세계에 내가 끼치는 영향력이 더 많아지는 것. 그것이 성장이야. '세계가 확대된다.'는 말 들어 본 적이 있어? 그것이 바로 성장의 다른 표현이야.

아기일 때의 내 세계란 보잘것없지. 눈에 들어오는 사람들도 몇 명 안 되고, 할 수 있는 일이란 웃거나 울거나 소리 지르는 것밖에는 없잖아. 서툴게 일어나 걷기 시작하면 그만큼 세계가 넓어지고, 만나는 사람도 많아져. 부모님과 산책 나온 너를 보고 웃어 주던 사람

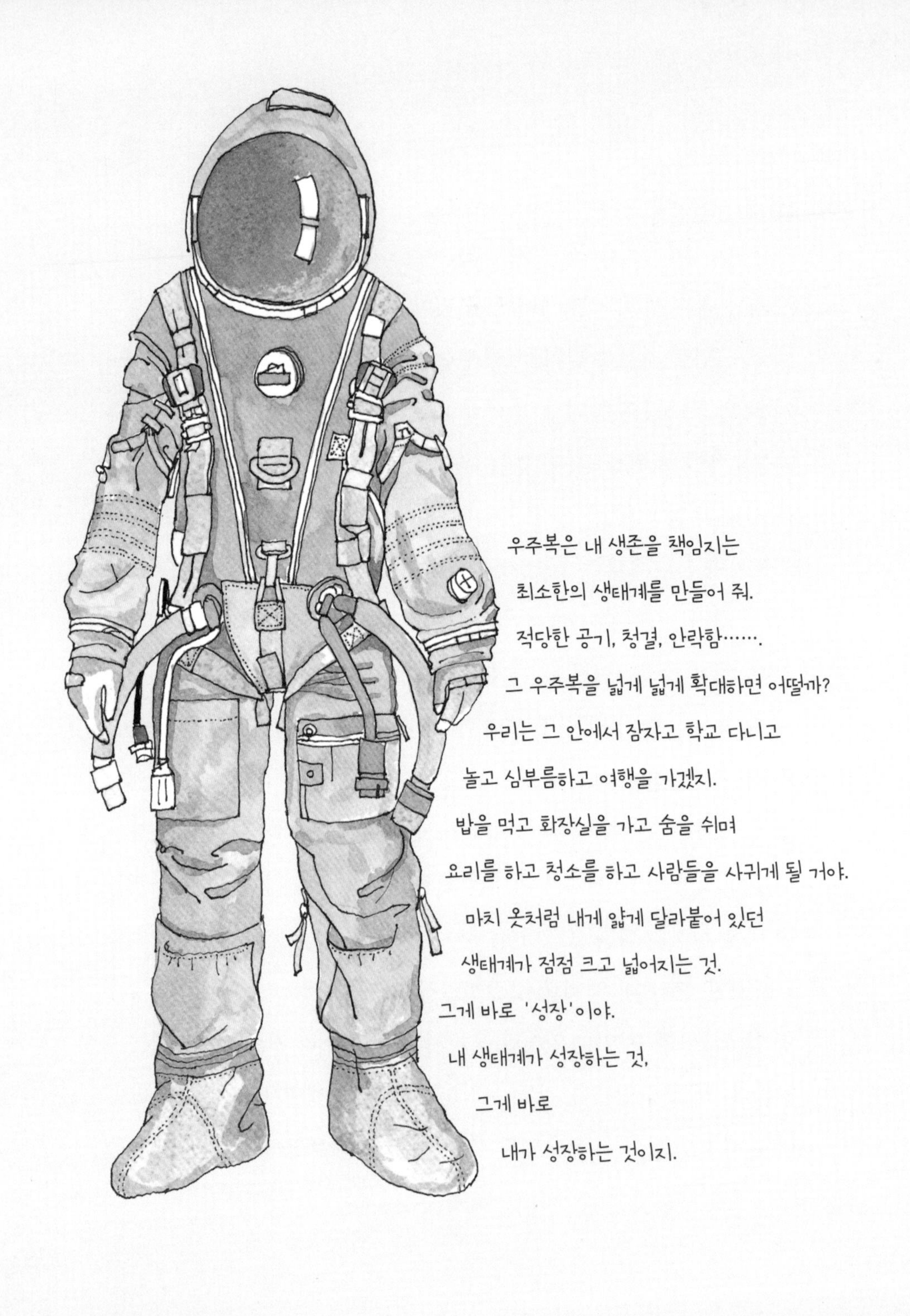

우주복은 내 생존을 책임지는
최소한의 생태계를 만들어 줘.
적당한 공기, 청결, 안락함…….
그 우주복을 넓게 넓게 확대하면 어떨까?
우리는 그 안에서 잠자고 학교 다니고
놀고 심부름하고 여행을 가겠지.
밥을 먹고 화장실을 가고 숨을 쉬며
요리를 하고 청소를 하고 사람들을 사귀게 될 거야.
마치 옷처럼 내게 얇게 달라붙어 있던
생태계가 점점 크고 넓어지는 것.
그게 바로 '성장'이야.
내 생태계가 성장하는 것,
그게 바로
내가 성장하는 것이지.

들이 한참 뒤에 네게 이렇게 말하겠지. "아장아장 걷는 모습 보던 게 엊그제 같은데 벌써 이렇게 컸네." 그 사람들도 어느 순간 네 세계에 들어온 거지. 네가 알고, 사랑하는 바로 그 세계. 그 세계는 앞으로도 계속 사람들을 입장시킬 거야. 더 많은 사람을 알게 되고, 교류하게 되고, 너 또한 그 사람의 세계에 들어가 한몫을 하겠지.

너는 성장하면서 더 많은 것을 갖게 될 거야. 네가 덮고 자는 이불은 몸이 자라면서 더 큰 것으로 바뀌고, 네가 즐겨 쓰는 책상도 생기고, 네 필통, 네 가방, 너만의 다이어리를 갖게 되고, 운이 좋으면 자기 방을 갖게 되겠지. 나중에 어른이 되면 집을 갖게 될 수도 있어. 멋지지? 네가 허락하지 않는다면 아무도 못 들어오는 공간 말이야.

'내 세계'가 넓어진다는 건 나를 둘러싼 생태계가 넓어진다는 말이야. 나를 중심으로 돌고 있는 작지만 완벽한 생태계. 너는 그 안에서 숨 쉬고 먹고 배설하고 새 물건을 들이고 낡은 물건을 버리면서 살아가는 거지. 너뿐 아니라 네 세계 또한 신진대사를 한다는 걸 느끼게 될 거야. 어렸을 때는 네게 필요한 걸 남이 장만해 주고 너 대신 버려 주겠지만, 점점 더 네 스스로 하는 일이 많아지겠지. 어느 순간 간단한 라면이나 계란프라이 정도는 직접 요리해서 먹고, 기저귀를 차고 있던 기억은 잊어버리고 변기에 볼일을 본 뒤 물을 내리게 되지. 아직 화장실 청소는 부모님이 해 주신다고? 설거지, 쓰레기 버리기, 화장실 청소 등등, 너는 성장하면서 직접 해야 할 일의 목록을 늘리게 될 거야. 너는 독립적인 한 인간으로 자라고 있으니까. 자신의 생태계를 가꾸는 것은 제대로 성장한 사람의 역할이자 의무거든.

네 옷을 어른 도움 없이 네 손으로 산 적 있어? 문방구에 가서 네게 필요한 것을 골라 처음 샀을 때를 기억해? 네 물건들을 넣어 두라고 부모님이 서랍 한 칸을 비워 주셔서 그 안에 가지런히 몇 개 없는 네 물건을 정리하던 때는 기억나? 방 청소하라는 부모님의 닦달에 안 나오는 볼펜이나 다 쓴 공책을 버렸던 날은?

그렇게 너는 네 세계에 대한 영향력을 넓히고, 네가 선택하고 결정해서 구하고 버리기 시작한 거지. 네 세계에서 너는 심장이자 뇌야. 네 세계는 네 결정에 따라 맑아지기도 하고 탁해지기도 해. 네 세계는 네 판단에 따라 날씬해지기도 하고 뚱뚱해지기도 하지. 너는 네 세계 안에서는 통치자이자 책임자야.

너는 네 세계를 잘 가꾸어야 해. 늘 좋고 네 마음에 드는 것으로 채우고, 불필요한 것과 상해 가는 것을 버리고, 원활하게 숨 쉬고 알맞은 규모를 유지하도록 신경 써야 하지. 네 관심은 네 세계 안에 핏줄처럼 뻗어 있어야 해. 네가 자라면서 점점 더 확대되는 그 세계를 어떻게 가꾸느냐에 따라 너의 삶의 질이 결정되니까. 어느 순간이 오

면, 너는 네 부모를 비롯하여 어떤 사람에게도 맡길 수 없는 완벽한 한 세계를 갖고 있다는 걸 실감하게 될 거야. 그것을 '내-생태계'라고 부르려고 해. 이 책은, 그 생태계를 어떻게 꾸려 가고 가꿔야 하는가에 대한 이야기야.

속 들여다보기,
내-생태계를 파악하는 첫걸음

내-생태계를 가꾸기 위해서 가장 먼저 들여다보아야 할 곳은 어디일까? 가만히 앉아서 너와 네 주변을 느껴 봐. 네 팔다리를 만져 보고, 네 심장이 뛰는 것을 느껴 보고, 발가락과 손가락을 꼼지락거려 봐. 이번에는 거울을 봐. 대부분 하나의 머리와 몸통, 두 개의 팔과 두 개의 다리를 가지고 있을 거야. 혹시 남들과 다르다고 해도 개의치 마. 그건 네 개성이니까. 우리는 모두 다른 사람과 닮은 곳과 다른 곳을 갖고 있어. 개성은 우열로 나눌 수 있는 것이 아니야. 그러므로 내 얼굴이, 내 체형이, 내 외형적인 특징이 남들과 다르다는 것을 일단 받아들이는 게 필요해. 그게 내-생태계를 파악하는 첫걸음이야.

남들과 닮기도 하고 다르기도 한, 그러나 눈에 보이지 않는 곳이 있지. 바로 내 내장이야. 눈으로 볼 수는 없지만 엄연히 내 몸속에 있는 세계지. 너는 아마 아주 가끔 내장의 존재를 느낄 거야. 주로 아플 때. 배가 아프거나 기침을 할 때, 전속력으로 달린 후이거나 딸꾹질을 심하게 할 때 속에서 요동치는 게 바로 그거야. 다시 말해 내장의 존재를 잊고 지낸다는 것은 네가 건강하다는 얘기야. 건강할 때는 잊고 살지만 그렇기에 더욱 끊임없이 관심을 기울여야 하는 첫 번째 대상이 바로 네 몸 안에 들어 있는 기관들이야.

네 내장이 돌아가는 원리를 이해하지 못하더라도, 네가 잊어버리고 있더라도 네 내부의 생태계는 착실하게 돌아가고 있어. 그것의 원리를 네가 안다면 아주 많은 것을 얻을 수 있지. 다시 말하면, 네가 소홀하면 소홀할수록 잃는 게 많다는 얘기야. 그건 아주 가끔은 치명적이기도 할 거야.

네가 네 내부를 가꾸지 않을 경우에는 어떤 일이 일어날까? 건강을 잃겠지. 건강을 잃으면 그 결과는 금방 눈에 보이게 돼. 얼굴에 생기가 사라지고 보기 흉한 여드름과 두드러기가 나고, 머리카락은 푸석푸석해지고, 팔다리는 지나치게 가늘어지거나 부어오르고, 몸은 힘이 하나도 없거나 너무 무거워지겠지. 근육은 사라지고, 지방은 너무 많이 쌓일 거야. 혹은 지방이고 근육이고 다 사라져서 몸에 뼈와 가죽만 남을 수도 있지. 특히 성장기에 몸을 소홀히 하면 키가 자라지 않거나 중요한 기관이 발달하지 않을 수도 있어.

너는 네 몸과 하루 종일 같이 있어. 네가 네 몸이야. 떼려야 뗄 수 없지. 몸은 그저 '그릇' 따위가 아니야. 네 몸의 상태가 네 생각까지 좌우하거든. 몸이 무거우면 만사가 귀찮아지고, 주변이 더럽더라도 손가락 하나 까딱하기 싫잖아. 머릿속에 부정적인 생각이 가득 차고, 툭 건드리기만 해도 짜증이 나지. 그때를 틈타서 네 주위에는 때처럼 더러운 것들이 모여들게 돼. 내-생태계가 탁해지는 첫 번째 원인은 바로 내 안에서 시작돼.

내부를 가꾸면 얻는 것이 많다고 했지? 구체적으로 무엇을 얻을 수 있을까? 생기와 에너지를 얻을 수 있어. 그게 바로 건강하다는 거야. 건강은 그저 아프지 않은 상태만을 말하는 것은 아니야. 하고 싶은 것을 할 수 있는 힘과 의욕을 갖추는 것이지. 안으로는 생기발랄하게 움직이는 동력을 갖게 되고, 밖으로는 주변 사람들의 도움이라는 '힘'을 받게 돼. 의욕적으로 신나게 움직이면, 주변 사람들도 네가 원하는 것을 이루어 주고 싶어 하거든. 사람들은 아무것도 하고 싶어 하지 않고 뭘 원하는지도 모르는 사람을 위해 뭔가 해 주고 싶어 하지 않아. 반대로 자신이 원하는 것이 무엇인지 알고 그것을 얻기 위해 애쓰는 사람을 보면, 힘닿는 데까지 도와주고 싶어 하지. 네 생기는 다른 사람의 생기도 끌어들이게 되는 거야.

건강하면 내부에 에너지가 가득 차는 것 외에도, 매끈한 피부와 균형 잡힌 몸매 등의 '외모'적인 이득도 얻을 수 있어. '건강미'라는 말 들어 봤지? 타고난 체형이나 생김새와는 상관없이, 건강한 사람은 그 사람을 바라보는 사람들도 기분 좋게 해 줘. 그뿐인 줄 알아? 머리가 맑아지는 효과도 있다고. 타고난 천재가 아니더라도 머리가 맑고 지구력을 갖추면 공부든 뭐든 머리 쓰는 일에 기대 이상의 성과를 올릴 수 있어.

와, 만병통치약 광고를 보는 것 같네. 그럼 도대체 어떻게 해야 내부를 가꿀 수 있을까? 비법은 단순해. 크게 세 가지로 나눌 수 있어.

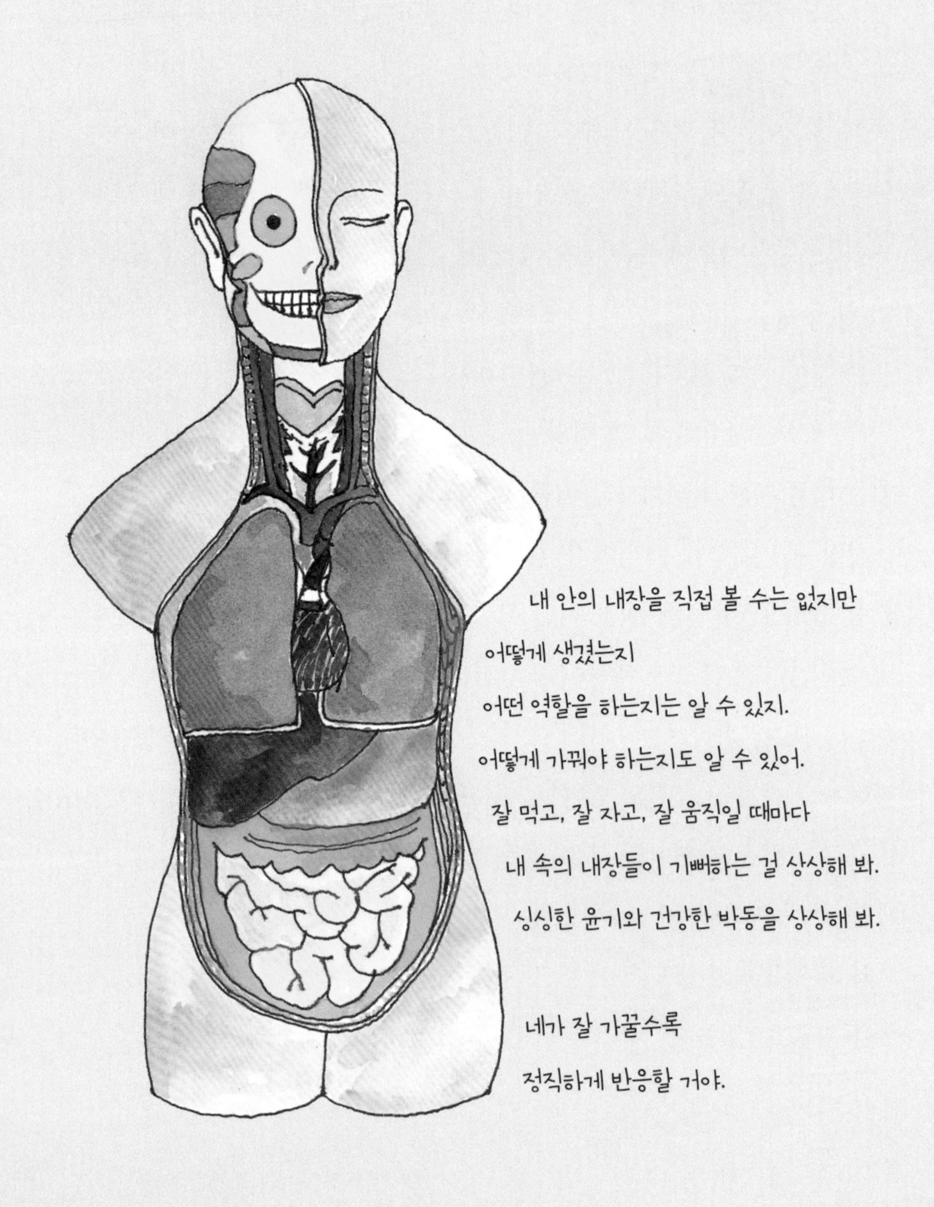

내 안의 내장을 직접 볼 수는 없지만
어떻게 생겼는지
어떤 역할을 하는지는 알 수 있지.
어떻게 가꿔야 하는지도 알 수 있어.
잘 먹고, 잘 자고, 잘 움직일 때마다
내 속의 내장들이 기뻐하는 걸 상상해 봐.
싱싱한 윤기와 건강한 박동을 상상해 봐.

네가 잘 가꿀수록
정직하게 반응할 거야.

1. 잘 먹고, 2. 잘 자고, 3. 잘 움직이는 것. 너무 뻔해서 애개, 싶겠지만, 이 세 가지에서 좋은 습관이 자리 잡는다면 앞으로도 계속 건강한 몸과 마음을 유지할 수 있지. 습관이 중요하다는 이야기는 많이 들었지? 무엇보다도, 몸에 관련된 습관은 정말 잘 들여야 해. 평생 내 건강을 좌우하는 것이 바로 생활 습관이거든.

나를 존중하면서 먹자

먹는 것에 대해서는 부모님도 선생님도 늘 잔소리야. 끼니 제때 챙겨 먹어라, 아침밥은 꼭 먹어라, 골고루 먹어라, 간식은 그만 먹어라……. 생각만 해도 지긋지긋한데, 여기서 그 잔소리를 또 들어야 하나 싶을 거야. 그런데 말이야, 너를 사랑하는 누군가가 지긋지긋하도록 자주 얘기하는 거라면 그게 그만큼 중요한 것이구나, 생각해도 좋아.

몸이라는 기계는 에너지를 공급하고, 노폐물을 버리고, 정기적으로 쉬지 않으면 움직이지 않는 아주 정교한 시스템을 갖고 있어. 먹는 것, 화장실 가는 것, 자는 것은 '산다는 것'의 기본이라고 할 수 있어. 네 몸속의 아주아주아주아주 작은 세포조차 네가 먹는 것을 목 빼고 기다리고 있다고. 신선한 영양소가 물밀듯이 들어왔을 때 그 작은 세포들이 기뻐하는 소리를 네가 들어 보아야 할 텐데.

잘 먹는다는 것은 어떤 걸까? 비싸고 좋은 음식을 골라 먹는 것일까? 아니야. 중요한 건 골고루, 즐겁게 먹는 거야. 그리고 소홀히 하기 쉽지만 '예쁘게 먹는 것'도 중요해. 물론 입 벌리고 먹지 않고, 소리 내어 먹지 않는 등의 에티켓도 중요하지만 그것만을 말하는 것은 아니야.

예쁘게 먹는다는 것은 먼저, 음식을 먹는 '나'를 존중하면서 먹는 것을 말해. 나 자신을 소중하게 대하는 거지. 끼니를 해치운다는 느낌으로 아무 데나 담아서 서서 먹는 게 아니라, 먹을 만큼 그릇에 담고 마치 귀한 손님을 대하듯 나를 대접하는 거야. 내가 나를 존중할 때, 남도 나를 존중하게 된다는 것을 잊지 마.

나를 존중하며 먹는 것은 그 음식이 내 앞에 오기까지 수고한 다른 모든 사람을 존중하며 먹는 것이기도 해. 그 사람들의 정성과 노력이 만들어 낸 가치를 인정하는 것이니까. 가치 있는 음식물로 나를 대접하는 것이니까. 내 세계가 넓어지면 넓어질수록, 먹는다는 것이 얼마나 개인적으로 중요하면서도 사회에도 의미 있는 일인지 실감하게 될 거야. 먹는다는 것의 의미에 대해 생각하고, 내가 생각하는 가치와 걸맞은 음식을 찾아서 내-생태계를 채우는 것.

그것이 바로 예쁘게 먹는 것이지.

네가 백 살까지 산다 치고, 하루에 세 끼를 먹는다고 하면 109,500번의 식사를 하게 돼. 뭔가에 집중하고 있거나 해야 할 일이 많을 때는 먹는 게 귀찮기도 할 거야.

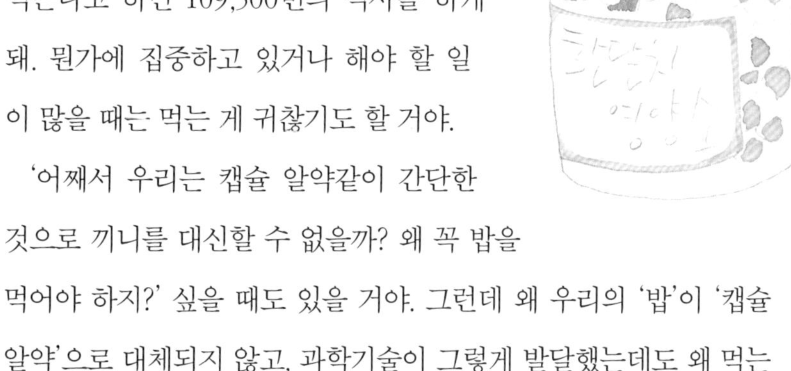

'어째서 우리는 캡슐 알약같이 간단한 것으로 끼니를 대신할 수 없을까? 왜 꼭 밥을 먹어야 하지?' 싶을 때도 있을 거야. 그런데 왜 우리의 '밥'이 '캡슐 알약'으로 대체되지 않고, 과학기술이 그렇게 발달했는데도 왜 먹는 것은 여전히 우리에게 중요할까?

먹는다는 것은 중요하기도 하지만 무척 즐거운 일이기도 하거든. 내가 세상에 관여하는 나만의 방식이기도 하고 말이야. 109,500번의 식사가 그저 귀찮은 일에 지나지 않는다면, 우리의 삶은 그만큼 잿빛일 거야. 먹는 것이 즐겁다면 우리 일생에서 즐거운 일이 무려 109,500번이나 더 생기는 거지.

여행을 갔을 때를 생각해 봐. 그곳에서 '무엇을 볼까' 만큼이나 중요한 건 '무엇을 먹을까'야. 우리는 여행을 떠나면서 그곳의 특산품은 무엇일까, 맛있는 식당은 어디일까 알아보고, 정보를 찾고, 지도에 표시하고, 먹으면서 사진을 찍어서 인터넷에 올리거나 여행 노트에 적어 놓곤 해. 먹는 게 빠진 여행을 상상해 봐. 꽤 퍽퍽하겠지? 우리는 먹으면서 한숨 돌리고 다음 여행지를 돌아볼 활력을 얻지.

일상을 생각해 봐도 마찬가지야. 먹는 시간이 없다면 우리는 언제 숨을 돌리고 한 매듭 짓겠어. 먹으면서 우리는 몸에 영양소를 공급하고, 기분 전환도 하고, 쉬기도 하고, 기쁨도 얻고, 사람들을 만나기도 해. 사람들이 만나서 하는 가장 많은 일이 차를 마시거나 밥을 먹는 일일 거야. 같이 먹으면 그만큼 친근감을 느끼게 되거든.

먹는 것이 즐거운 일이라는 것에 동의한다고? 좋아! 그렇다면 이번에는 필요한 양보다 더 많은 양을 와구와구 먹어 치우는 건 아닌지 생각해 봐야 해. 먹는 즐거움은 중요하지만, 그것이 '식탐'까지 가지는 않는지 늘 경계해야 하거든. 즐겁게 먹는다는 것은 맛을 음미하고 몸에 활력을 주면서도 가벼움을 유지할 수 있을 만큼만 먹는다는 거야. 너무 많이 먹어서 숨도 잘 못 쉬겠고 허리도 굽히기 힘들다면, 즐겁기는커녕 괴롭기만 하겠지. 좋아하는 과자라도 입에 마구 밀어 넣으면 그 맛을 즐기기 어렵지 않을까? 내 몸이 필요로 하는 적당한 양을 알고 그만큼만 먹는 것, 이것도 평생 몸에 붙여야 할 습관이야.

잠은 시간 낭비일까?

해야 할 일은 줄어들지 않는데 하고 싶은 일은 점점 많아진다면 도

대체 어디서 시간을 빼서 써야 할까? 남들보다 더 잘하고 싶은데 우리에게 주어진 시간은 똑같이 하루 24시간이니 조급할 수밖에 없겠지. 그럴 때 사람들이 가장 먼저 하는 건 잠을 줄이는 거야. 잠자는 건 왠지 시간 낭비 같거든. 시체처럼 드러누워서 아무것도 하지 않고 여덟 시간씩 보내다니, 너무 아깝잖아. 잠을 안 잔다면 얼마나 많은 일을 할 수 있을까. 친구들과 실컷 놀고 들어왔는데도 숙제할 시간이 여덟 시간이나 남아 있다면 얼마나 좋을까! 잠을 안 자고 시험공부를 할 수 있다면 당일치기로도 충분히 성적을 올릴 수 있을 텐데.

하루에 네 시간만 자도 생명은 유지할 수 있다는 둥, 아침 일찍 일어나는 새가 먹이를 먹는다는 둥, 예부터 잠을 줄이라는 압력은 은근하게든 노골적이든 계속 있었어. '4당 5락'이라는 말 알아? '네 시간 자면 붙고 다섯 시간 자면 떨어진다.'는 말이야. 시험을 앞두고 분발하라며 어른들이 들려주던 얘기지. 예전에는 몸에 해로운 약까지 먹으면서 잠을 줄이기도 했고, 너무 졸리면 눈에 성냥개비를 끼워서 억지로 뜨고 있기도 했대. 지금도 어른들은 커피를 잔뜩 마시며 수면 부족을 견디지. 하지만 원하는 게 있으면 잠을 줄이라는 말은 요즘에는 힘을 잃었어. 잠이 정말 소중하다는 걸 알게 되었거든. 왜 사람은 하루에 3분의 1이나 되는 긴 시간을 꼼짝도 못 하고 누워 있어야 하는지 그 비밀이 다양한 연구를 통해 밝혀지고 있어. 생명체들은 잠을 자면서 몸의 상태를 회복하거나 면역력을 키운대. 키도 자라고 피부도 좋아진다고 하네. 아직 탐구해 보아야 할 여지는 많지만, 그중에서도 중요한 건 잠이 기억력과 밀접하다는 거야. 잠을 자면서 뇌는 낮의 기억을 장기 저장한다고 해. 즉 성적을 올리고 싶다면 잠을 무조건 줄이면 안 되고 오히려 수면 시간을 안정적으로 가져야 한다는 거야. 공부가 되든 안 되든 책상 앞에 붙어 앉아서 머릿속에 들어오지도 않는 걸 억지로 쑤셔 넣는 게 효과가 없다는 사실이 과학적으로 밝혀진 셈이야.

잠을 안 자면 몸의 상태가 나빠지면서 집중력도 떨어지고 기분도 안 좋아져. 장기적으로 잠을 안 자면 당연히 건강이 상하지. 1980년대에 시카고 대학에서 과학자들이 쥐를 대상으로 실험한 적이 있어. 잠을 안 재우면 어떤 일이 벌어질까? 실험을 시작한 지 2주일 만에 끔찍하게도 쥐들이 모두 죽었어. 반점과 궤양이 생겨나서 곪아 들고, 털이 빠지기 시작하고, 몸무게가 줄더니 결국 죽어 버린 거지. 사람의 경우는 어떨까? 혈압이 오르고, 체온이 떨어지고, 면역계가 약해지고, 심해지면 환각과 환청을 경험하지. 만약 궁금하다면 스스로 실험해 봐. 물론 죽을 때까지 안 자면 안 돼.

잠을 자는 시간도 중요하지만 잠의 질도 중요해. 잔 것 같지 않다는 기분이 어떤 것인지 알지? 밤새 눈은 감고 있었던 것 같은데 피곤은 하나도 안 풀리고, 뭔가 복잡한 꿈을 잔뜩 꾼 것 같기도 하고, 누군가에게 시달린 것처럼 팔다리도 아프잖아. 깊은 잠을 자면 짧게 자더라도 훨씬 개운하지. 사람들은 편안하고 깊은 잠을 자기 위해서 무엇을 해야 할까 궁리해 왔어. 깨끗한 이부자리, 적당한 높이의 베개도 중요하고, 불을 끄고 캄캄한 어둠을 만들어 주는 것도 중요하고, 자면서 머릿속이 복잡하지 않도록 주변이 어질러져 있지 않은 것도 중요해. 잠이 좀 부실하다는 생각이 들면 주변을 정돈해 봐. 한결 나아질 거야.

꼭 필요한 잠의 시간은 사람마다 달라. 어떤 사람들은 짧게 자도 괜찮고, 어떤 사람들은 오래 자지 않으면 안 되지. 체질에 따라 다르니까, 나는 어떤 체질인가 잘 알아봐야 해. 친구는 하루 네 시간만 자도 괜찮다던데, 하면서 따라 했다가는 낭패를 볼 수도 있으니까 말이야. 내 몸이 필요로 하는 나만의 리듬을 찾는 건 무척 중요해. 특히 잠에 있어서는.

물론 너무 많이 자면 좋지 않아. 너무 많이 잤다 싶으면 허리도 아프고 오히려 몸이 둔해지잖아. 내 몸에 적당한 잠이 어느 정도인지는 자다 보면 알게 될 거야. 관심만 기울인다면 말이야. 그리고 잠자는 시간은 규칙적인 게 좋아. 조금씩 자다가 한꺼번에 몰아서 잔다고 해서 잠이 완전히 보충되지는 않는다는 사실! 잊지 마.

내 몸의 윤활유, 운동

잘 먹고 잘 자고 화장실도 잘 간다고? 좋아, 잘하고 있어! 이제 필요한 것은 몸을 잘 움직여 주는 거야. 내-생태계가 잘 돌아가려면 잘 먹고 잘 자는 것뿐 아니라 적절한 운동도 꼭 필요하거든. 특히 성장기에는 몸의 각 기관들이 골고루 발달하는 데 운동이 큰 역할을 해. 뭐 이렇게 필요한 게 많을까 싶지만, 이렇게 해서 몸이 건강하게 잘 유지되면 그다음부터 내가 하고 싶은 일을 훨씬 자유롭게 할 수 있으니까, 토대를 튼튼하게 다진다고 생각하자고. 게다가 운동은 생각보다 꽤 재미있는 일이기도 해. 어찌나 재미있는지 '운동 중독'에 걸린 사람들도 있다니까.

특히 요즘 들어 사람들은 어떻게 하면 덜 움직일까 궁리하는 것 같아. 과학기술은 사람이 안 움직이고도 많은 것을 할 수 있는 방향으로 발전해 왔지. "편리하게!"를 내세우면서 조금이라도 올라가야 하면 엘리베이터나 에스컬레이터를 설치하고, 짧은 거리를 가더라도 차를 타는 게 당연해졌어. 버스나 지하철 정류장도 간격이 점점 더 촘촘해지고 말이야. 막상 걸어 보면 그다지 멀지 않은데도 꼭 차를 타야만 할 것 같지. 그러다 보니 몸은 운동 부족으로 점점 더 무거워지고 둔해지고, 움직이려면 힘드니까 더 편리한 방법을 찾게 되고. 악순환에 빠진 거야.

평소에 기회가 닿을 때마다 일부러 움직여 주는 것이 좋아. 하지만 그것만으로는 부족해. 내게 운동이 얼마만큼 필요한지 스스로 생각하고, 더 많이 운동할 기회를 찾아야 해. 왜 그래야 하느냐고? 당연히 운동하면 좋은 점이 많기 때문이지!

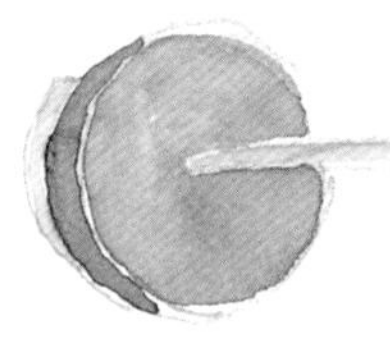

운동을 하면 어떤 점이 좋을까? 일단은 잘 먹고, 잘 자고, 잘 배변하는 데 큰 도움이 돼. 식욕이 없다고? 먹고 싶지도 않은데 억지로 먹는다면 소화가 안 되는 건 당연하지. 운동을 하면 입맛도 돌고 소화도 잘돼. 당연히 화장실도 잘 가겠지. 위장도 그렇지만 소장과 대장도 꿈틀꿈틀 잘 움직이게 되거든. 잠이 잘 안 온다고? 역시 운동을 하면 기분 좋게 잘 자게 돼. 깊은 잠이 얼마나 중요한지는 이미 얘기했지? 운동은 내 몸의 시스템이 원활하게 돌도록 돕는 아주 중요한 역할을 해.

운동이 몸에 좋은 점은 이뿐만 아니야. 면역력이 강해지고, 심장과 혈관이 튼튼해지는 한편 혈액순환도 잘되지. 근육의 힘도 좋아지면서 지구력도 생기게 돼. 기초 체력이 강해지는 한편, 잘못된 자세나 동작 때문에 생기는 질병을 예방하는 것도 운동의 중요한 역할이야.

운동을 하면 에너지를 쓰니까 몸이 더 피곤하지 않을까 싶지만,

그렇지 않아. 오히려 몸이 피곤할 때 운동을 하면 개운해지고 에너지로 가득 차는 경험을 할 수 있지. 피 순환이 원활해지고 노폐물도 더 잘 빠져나가지. 땀 한번 흠뻑 흘리고 나면 상쾌한 느낌이 들잖아. 샤워하고 시원한 주스라도 마신다고 생각해 봐. 그 신선한 느낌은 몸이 운동을 좋아한다는 의미야.

만병의 근원이라는 스트레스도 운동을 하면 없어질 수 있어. 운동에서 재미를 느껴 봐. 축구나 야구, 농구같이 승리의 기쁨을 맛보는 운동도 좋고, 발레나 요가, 춤, 암벽 등반처럼 나 스스로의 한계를 극복해 가며 좀 더 잘하는 재미를 맛볼 수 있는 운동도 좋지. 내 몸을 최적의 상태로 잘 사용하는 느낌은 참 좋아. 한번 알게 되면 좀처럼 포기할 수 없다니까.

참 신기한 일이지. 생명과 기계의 차이가 이런 데서 드러나는 것 아닐까? 기계는 연료를 넣고 버튼을 누르면 한 방향으로 작동하지만, 생명은 연료를 소모하여 몸을 움직이는 한편 몸을 움직임으로써 연료를 효과적으로 공급하고 잘 순환할 수 있도록 도우며 쌍방향으로 작동해. 생명이 신비롭다는 건 아마 이런 원리 때문이 아닐까 싶어.

  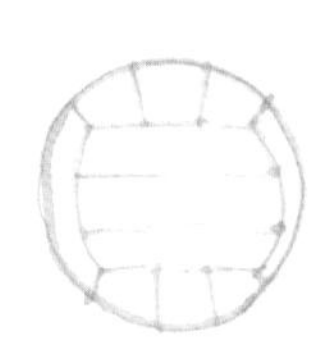   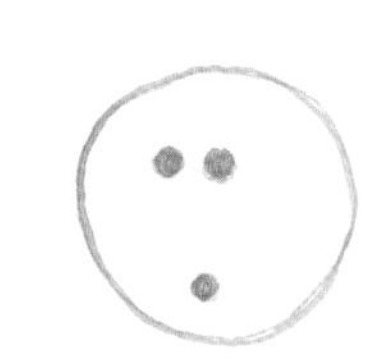

운동의 효과는 여러 면에서 나타나지만 그중에서도 가장 극적으로 나타나는 곳이 외모야. 불필요한 살이 빠지거나 필요한 살이 붙고, 노폐물이 빠지면서 피부는 깨끗해지고, 건강미가 흐르고 자세도 좋아지고 자신감도 생기지. 내 안을 잘 가꾸면 그 결과는 필연적으로 겉으로 드러날 수밖에 없어.

자, 이제 내 안에서 한 걸음 더 나아가 보자. 이제 외모를 가꿔 보자고.

외모와 태도,
우리 몸을 지탱하는 두 다리

속을 가꾼 효과는 바로 겉으로 드러나게 돼. 그러면 외모는 따로 가꿀 필요가 없는 것일까? 그럴 리가. 내 외모를 가꾸는 것 또한 내-생태계를 가꾸는 일의 하나야.

아기일 때는 내가 다른 사람에게 어떻게 보이는지 관심을 가질 수 없어. 그저 배고프면 먹고 기저귀에 볼일 보고 자는 것만 해도 큰일인걸. '성장'이라는 큰일 말이야. 점점 자라면서 몸과 함께 나를 둘러싼 내-생태계도 자라나게 돼. 이제 '다른 사람'을 인식하게 되지. 좋아하는 옷이 생겨서 그것만 입겠다고 고집을 부리기도 하고, 놀이터에서 만난 친구들을 눈여겨보고 좋아하는 친구와 아닌 친구도 나누기 시작하지. 외모가 마음에 드는 사람을 가려내고, 그만큼 내가 다른 사람에게 어떻게 보일지 관심을 기울이게 돼. '거울'이 내 세계로 들어오는 순간이지. 외모를 가꾸기 시작하는 것은 네가 성장했다는 의미야. 내가 관심을 기울이고 가꿔야 할 생태계가 나이테의 한 겹처럼 자라난 거야.

내 피부의 안쪽, 내장의 세계를 가꾸는 것에서 관심을 넓혀, 피부의 바깥쪽, 보이는 부분도 가꿔 보자고. 일단 속을 잘 가꾸었다면 토대는 마련된 셈이야. 건강하고 균형 잡혀 있고 에너지로 가득 차 있다면 겉으로 보이는 모습도 최상의 컨디션일 거야. 그것만으로 부족하다면 무엇을 해야 하냐고? 하나하나 살펴볼까?

외모를 가꾸는 건 크게 두 가지로 나눌 수 있어. 하나는 말 그대로 외모를 가꾸는 것이야. 잘 씻고 어울리는 옷을 입는 등 해야 할 일이 많지. 또 하나는 좋은 태도를 잘 갖추는 일이야. 외모가 아름답더라도 태도가 천박하거나 야비하다면 어떨까? 태도가 우아하더라도 더럽고 냄새난다면 어떨까? 그러니, 외모와 태도는 우리 몸을 지탱하는 두 다리와 같아서 균형이 중요해. 두 가지 모두 고려하여 사뿐사뿐 걸어 보자고.

미남에게 세금을 부과하자고?

외모에 관심을 가지게 될수록 내가 예뻤으면 참 좋겠다, 내가 잘생겼으면 얼마나 좋을까, 하는 생각을 많이 할 거야. TV를 보면서 예쁜 가수나 배우가 나오면 저렇게 생긴 사람들의 생활은 어떨까 궁금하기도 하고, 화장실 거울을 보며 이리저리 표정 연습을 하면서 어떻게 하면 예쁘게 보이나 궁리하기도 하고, 셀카의 고수인 친구에게 찍는 법을 배워서 인터넷에 올리고 '좋아요'가 몇 개 달리나 두근두근하기도 하고. 맞아. 외모가 멋지면 행복할 거야. 매일 거울만 봐도 그 안에 예쁜 얼굴이 활짝 웃고 있을 것 아니야. 예쁘고 좋은 것을 많이 보고 사는 삶은 생각만 해도 풍요롭지.

멋진 외모를 갖고 싶은 마음이 단순히 나 혼자 즐겁기 위해서일까? 물론 그런 이유도 있겠지만, 그보다는 예쁘고 잘생긴 사람이 얼마나 다른 사람들의 사랑과 호감을 사고, 편하게 사는지 알기 때문일 거야. 예쁘거나 잘생긴 친구의 부탁은 왠지 들어주고 싶잖아. 새 학년이 되어 반이 바뀌면 반에서 누가 제일 예쁘고 잘생겼는지 훑어보게 되고. 호감 가는 외모를 가진 친구가 뭔가 실수를 해서 어쩔 줄 몰라 하면, 그냥 용서해 주고 싶은 마음이 들기도 하지.

모리나가 다쿠로라는 일본의 경제 평론가가 이색적인 주장을 펼친 적이 있어. 한마디로 '미남에게 세금을 부과하자.'는 거야. 뭐라고? 맞아. 귀를 의심했겠지만 그 말 맞아. 엉뚱한 소리 같지만 곰곰이 들어 보면 제법 설득력 있는 이야기지. 그 사람의 주장에 따르면 미남이 여자들에게 더 많은 관심을 받기 때문에 못생긴 남자들은 억울하다는 거지. "외모가 좋은 남성에게 미남세를 부과해 불평등을 조금이라도 줄이면 못생긴 남성도 연애하기 쉬워져 결혼하는 사람이 증가할 거예요."라고 말했다나.

결혼하는 사람이 많아져야 아이도 많이 낳고, 그래야 나라가 발전하는데 소수의 미남을 뺀 많은 남자가 결혼을 못 하는 이유가 외모 때문이라는 거야. 대부분의 여자들이 잘생긴 남자에게 반하기 때문에 못생긴 남자와 결혼하려는 여자가 없다나. 그러니 잘생긴 남자에게 '미남세'를 걷고 못생긴 남자의 세금을 깎아 주면, 돈이 많아져서 못생긴 남자가 인기를 얻게 된다는 거야. 결혼할 기회가 그만큼 더 많아지게 되고.

그렇다면 예쁜 여자는 어쩌지? 미남의 기준은 누가 정하는 걸까? 가난한 미남과 부자인 못생긴 사람은 이미 불평등한 것 아닐까? 돈을 안 내려면 못생기게 성형수술 하면 되나? 결혼하고 나면 세금을 안 내도 되나? 결혼을 결정하는 데 외모가 그렇게 결정적인가?

조금만 생각해 봐도 허점투성이의 의견이지만, 한 가지 생각해 볼 점은 있어. '호감 가는 외모의 사람은 여러모로 유리하다.'는 거지. 결혼이나 연애에서만 그런 게 아니야. 가게에서 물건을 사도 가게 주인들은 호감 가는 사람에게 좀 더 친절하게 해 주는 거 같지 않아? 물건값도 흔쾌히 깎아 주고. 길을 물어볼 때도 마찬가지야. 사람들은 언제든지 호감 가는 사람의 환심을 사고 싶어 해.

그래서 어쩌라고, 원래 못생긴 걸 어쩌라고, 성형수술이라도 하라고? 볼멘소리가 들리는 것 같네. 성형수술만이 정답일까? 왜 방법이 없겠어? 사실 '잘생긴 사람, 예쁜 사람'이 되기는 힘들어도 '호감 가는 사람'이 되는 건 비교적 쉬워. 호감 가는 사람의 범위는 잘생기고 예쁜 사람의 범위보다 훨씬 넓으니까. 요모조모 뜯어보면 미남, 미녀라고 할 수는 없지만, 많은 사람이 좋아하는 사람들이 있잖아? 주변의 사람들을 떠올려 보라고. 그 사람들은 어떻게 그런 '매력'을 지니게 된 걸까?

샤를 페로의 동화 「장화 신은 고양이」에서는 그저 멋진 장화를 한 켤레 신었을 뿐인데 모두들 고양이를 신뢰하지. 물론 우리 현실에서 좋은 장화 한 켤레 마련한다고 바로 호감을 살 수 있는 건 아니야. 구체적으로 어떻게 해야 할지 잘 모르겠다면 주위의 호감 가는 사람들을 한번 관찰해 봐. 어때? 공통점을 발견할 수 있어?

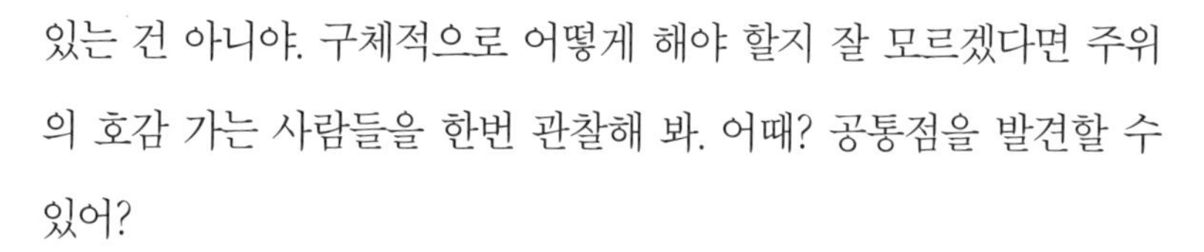

정답은 단순해. 매일 깨끗하게 씻고, 머리를 빗고, 냄새가 나거나 더럽지는 않은지 살피는 것. '비싼 옷'도 좋지만 그보다는 '깨끗한 옷'을 입는 것. 종종 거울을 보고 웃어 보는 것. 자세는 바른지, 주변은 정돈되어 있는지 정기적으로 신경 쓰고 돌아보는 것. 그것이 나를 가꾸는 것의 가장 토대가 되는 행동이야.

깨끗하게 씻는 건 아침저녁으로 하는 일이라서 감흥도 없고 귀찮기만 하다고? 누가 보지 않으면 얼른 물로만 슬쩍 씻고 말기도 하고, 어떨 땐 귀찮아서 눈 꾹 감고 잊어버린 척 안 씻기도 했을 거야.

하지만 씻는다는 건 생각보다 훨씬 의미 있는 행동이야. '목욕재계' 라는 말 들어 봤어? 단순히 몸을 씻는 행동이 아니라, 종교적 의식 같이 신성한 일을 수행하기 위해 몸과 마음을 정갈하게 하려는 의식이지. 목욕을 하면서 심신을 가다듬는 거야. 좀 더 높은 차원의 인간이 되기 위해서.

몸을 깨끗하게 씻는 것은 나를 존중하고 남을 존중하는 행동이야. 나라는 사람은 매일 깨끗하게 씻고 광나게 닦아 손질해서 소중하게 다뤄야 마땅하니까. 정말 좋아하는 옷은 티끌 하나가 묻어도 싫고, 아주 소중하게 생각하는 물건은 때가 탈까 얼룩이 질까 애지중지 모시잖아. 나도 마찬가지인 거지. 나를 가장 존중하고 가장 소중히 여기는 것은 누구일까? 그건 바로 나 자신이야. 아끼는 첫 번째 행동이 바로 더러워지지 않게 관리하고 매일 닦아서 신선하고 깨끗한 상태를 유지하는 것이지. 몸이 깨끗해지면 저절로 마음도 맑아져. 신기하지? 몸과 마음이 그렇게 연결되어 있다는 게.

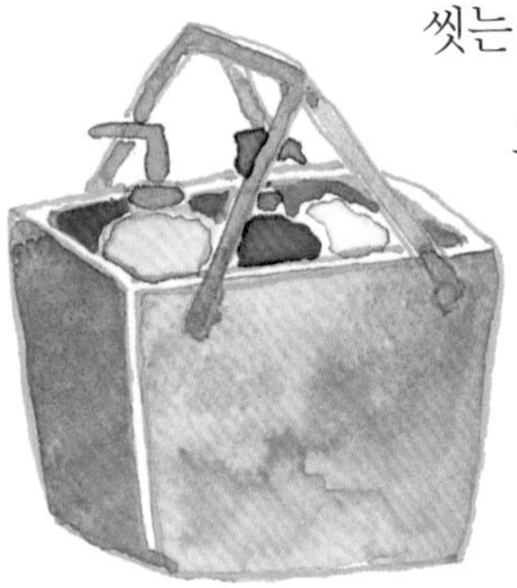

씻는 것이 나를 존중하는 행동이라는 건 알겠는데, 그게 왜 남을 존중하는 행동일까? 깨끗한 몸은 남에게 불쾌감을 주지 않으니까. 더럽고 냄새나고, 가까이하면 이 같은 벌레가 옮을 것 같은 느낌을 주는 사람과 같이 있으면 아무래도 불쾌해지지. 존중하는 상대에게 불쾌한 감정을 불러일으키고 싶은 사람이 있을까? 좋아하는 사람이 기분 나빠 하며 나를 피하는 게 좋을 리는 없잖아.

호감은 나를 존중하고 남을 존중하는 데서 싹트는 거야. 자기 자신을 함부로 대하는 사람을 좋아하기 힘들고, 나를 함부로 대하는 사람을 좋아하기는 어렵지. '가치 있는 사람'은 어떻게 만들어지는 것일까? 내가 스스로를 가치 있는 사람이라고 믿을 때 그 토대가 마련되는 거야. 그저 잘 씻기만 해서 될 일은 아니겠지. 그렇지만 잘 씻고 가꾸는 것이 시작이라는 걸 잊지 마.

구석구석 잘 씻었기 때문에 깨끗하다는 것을 알고 있을 때 자신감도 생겨나. 자신감 있고 당당한 사람은 보기 좋지. 자신감은 내가 나를 사랑하고 귀하게 여긴다는 이야기이고, 자기 자신을 귀하게 여기는 사람은 다른 사람도 함부로 대하지 않으니까. 자신감이 있는 사람은 그 안에 감추어진 빛나는 장점이 자연스럽게 드러나게 돼. "저 사람은 왜 저렇게 자신감 있는 걸까?" 관심을 가지면 안 보일 수 없으니까 말이야.

그런데 그토록 좋은 자신감이라는 게, 단순히 잘 씻고 깨끗한 옷을 입는 것에서 시작한다니. 생각보다 쉽지? 깨끗한 새 노트를 처음 쓸 때의 기분 좋은 감각으로 나를 잘 가꾸면서 호감 가는 나를 상상해 보자고.

일단 잘 씻었다면 그다음에는 나만의 스타일을 찾는 게 필요해.

호감 가는 사람은 무색무취한 사람이 아니라 '자기 자신다운' 사람이니까. 나답다는 것은 무엇일까? 그건 스스로가 평생 동안 찾아야 할 숙제야. 심성부터 스타일까지, 굉장히 폭넓고 다양한 분야에서 찾아내야 하지. 어느 누구도 그것을 만들어 주거나 정해 줄 수 없어.

어떤 사람이 "그건 너답지 않아."라고 말했을 때, 대부분의 경우에 신경 쓰지 않아도 돼. 왜냐고? 너다운 게 어떤 건지 너도 잘 모르는데 남들이 어떻게 알겠어. 네가 태어날 때부터 갖고 있는 것을 잘 가꾸고, 그런 네게 가장 잘 맞는 모습을 찾아 나갈 때 '너다운 것'은 완성될 수 있어. 그건 평생 걸리는 일이지. 그게 아마 네가 내-생태계를 잘 가꿀 때 주어지는 최고의 선물일 거야.

그런데 나다워지는 것과 호감형이 되는 것이 꼭 일치할까? 나다워지려다 비호감이 되면 어떡해? 곰곰 생각해 보면 두 가지는 별개가 아니야. 오해하는 경우는 있지. 예를 들어, 남에게 무례한 것을 나답다고 생각한다든지, 씻는 걸 미뤄서 냄새나고 더러운 상태를 "원래 나는 이래."라고 믿어 버린다든지. 제멋대로 굴면서 호감을 강요한다든지, 기죽어 있고 자신 없는 상태를 원래 난 가진 것이 빈약하니까, 라면서 합리화한다든지.

그 모든 오해를 걷어 내고 나면 분명하게 보여. 호감형 중에는 남에게 잘하는 사람이 많지만, 그저 잘하기만 했다가는 자칫하면 비굴해 보일 수 있지. 호감형 중에는 남의 의견을 존중해 주는 사람이 많지만, 너무 남의 의견만 존중했다가는 줏대 없는 인간이 될 거야. 스타일도 마찬가지야. 요즘 유행하는 스타일이라고 무조건

따라 하다가는 오히려 촌스러워질 수 있어. 얼굴형, 체형, 취향에 맞는 스타일을 찾아낸다면 유행과는 상관없이 멋져 보일 거야. 장담해.

내-생태계를 잘 가꾸는 효과는 가장 먼저 외모로 드러나. 주변의 좋은 사람들이 다가오는 것도 바로 그런 너의 매력에 이끌려서이고 말이야. 그렇게 내-생태계는 풍요로워지는 거지. 하지만 외모라는 게, 그저 '호감/비호감'으로 분류되고 나면 끝일까? 그럴 리가 없지. 내-생태계는 그렇게 단순한 게 아니라고.

외모, 내 간판

지금의 나와 되고 싶은 나를 동시에 보여 주는 얼굴

외모는 내가 어떤 사람인지 드러내는 간판과 같아. 사람들은 일단 외모를 가장 먼저 볼 수밖에 없거든. "내면이 아름다운 사람이 되자."라고 하지만, 외모의 벽은 생각보다 두꺼워서 그 벽을 넘지 못하면 사람들은 네 내면의 아름다움을 발견하려는 시도조차 안 할 수도 있어.

가꾼다는 건 나를 '덮는' 것이 아니라 '드러내는' 거야. 내면의 아름다움을 겉으로 보이게 하는 일이지. 생각해 봐. 상한 음식은 겉에 초콜릿을 씌우고 멋진 장식품으로 꾸민다 해도 그 썩은 냄새를 감추지 못할 거야. 한편 아무리 신선하고 맛있는 음식이라고 해도 푸르죽죽한 곤죽으로 만들어 놓으면 사람들이 선뜻 가까이하지 못하지.

내면은 아름다운데 외면은 접근하고 싶지 않을 만큼 추하고 사악해 뵈는 사람은 사실 많지 않아. 빅토르 위고의 소설 『파리의 노트르담』의 주인공인 콰지모도 같은 극단적인 경우가 있긴 하지만, 너무 극단적이기 때문에 소설의 소재가 되는 걸 거야. 어느 정도의 나이가 되면 자신의 얼굴에 책임을 져야 한다는 얘기가 있잖아? 내면이 밖으로 우러나오기 때문에 얼굴 또한 그에 따라 변하는 거지. 나를 가꾼다는 것은 내용물과 상관없는 그럴듯한 포장지로 감싸는 것과 거리가 멀어.

그러면 굳이 외모를 가꿀 필요가 없겠네, 어차피 어떻게 해도 내가 드러난다는 사실은 마찬가지라며 싶기도 할 거야. 그러나 외모를 가꾸는 것은 꼭 필요해. 아름다운 보석도 부지런히 갈고닦지 않으면 거무튀튀한 돌덩어리일 뿐이잖아. 외모를 가꾼다는 것은 내가 좀 더 좋은 사람이 되기 위해 하는 모든 노력 중에서도 큰 부분을 차지하지.

외모가 나를 잘 보여 주는 것인 만큼, 외모를 잘 가꾸려면 나 스스로를 잘 알아야 해. 내게서 보여 주고 싶은 부분을 북돋고 감추고 싶은 부분을 없애려면, 보석 세공사가 자신이 다루는 원석의 성질을 잘 알듯 나를 잘 파악해야 하지.

생각해 보면 나만큼 나를 잘 아는 사람이 어디 있겠어. 나야말로 나 그 자체잖아. 내가 나를 모른다면 도대체 누가 나를 알 수 있겠어 싶지만, 사실 '나'는 스스로가 많이 생각하고 들여다봐야 알 수 있는 신비로운 존재야. 평생을 살아도 내가 어떤 사람인지 모를 수 있어. 내가 나라고 생각한 모습도 시간이 지나면서 바뀌니까.

사람은 자신을 매번 새롭게 발견하면서 삶을 꾸려 나가. 내 삶의 역사 자체가 나를 발견해 가는 과정인 거지. '나'라고 하는 존재는 딱 정해져 있어서 금광 캐듯 캐내야 하는 건 아니야. 살아가면서 새로운 경험을 하고, 전에 굳게 믿었던 것이 뒤집어지는 일도 겪으면서 나 자신도 변하게 돼. "나는 이래."라는 습관적 판단을 강철 가면처럼 씌워 두고 오래된 취향을 고집하는 게 좋은 자세일까? 결코 아닐 거야.

내가 변화하고 발전하는 사람이라는 것을 염두에 두고 외모를 가꾼다면, 너를 보는 사람들은 네가 어떤 사람인지 알게 되는 동시에 네가 어떤 사람이 되고 싶어 하는지도 알게 돼. 네가 무엇에 가치를 두고 있는지, 어떤 것들을 지향하는지, 어떤 취향을 가지고 있는지,

이런 것들은 네가 너를 가꾸는 과정에서 고스란히 드러날 수밖에 없어.

너를 곰곰이 들여다봐. 가지런하고 꼼꼼한 성격, 현명함의 깊이, 인내심, 멀리 내다보는 혜안, 그러나 눈에 띄게 나서고 싶지는 않은 마음, 작고 평화로운 것에서 행복을 찾는 기질, 그런 것들을 발견했다면 넌 그에 맞는 네 미래를 상상하겠지. 그 꿈이 작고 예쁜 카페를 운영하는 것일 수도 있고 이 책 같은 책을 만드는 편집자일 수도 있을 거야. 멋진 과학자가 꿈이야? 맹렬한 호기심, 새로운 것을 발견하는 데서 희열을 느끼는 세포, 명민하게 반짝이는 뇌, 지구력, 작은 변화도 놓치지 않는 관찰력……. 이런 것들이 너를 이루고 있거나, 네가 꿈꾸고 있거나, 네가 사랑하는 것들이지. 그리고 바로 그것이 너의 외양으로 드러나는 거야. 네가 가꾸는 방식에 따라서 말이야.

가꾼다는 건 네가 너를 발견해 나가는 '기록'이기도 해. 그 기록을 조금씩 고치고 발전시켜 나가다 보면, 어느 순간 '되고 싶은 사람'이 되어 있는 걸 깨달을 수 있을 거야. 멋지지 않아?

내 개성을 보여 주다+내 소속을 보여 주다

한 가지 잊지 말아야 할 점은, 외모가 내 개성을 보여 주는 것만큼이나 내가 어디에 속해 있는지도 보여 준다는 거야. 교복이 대표적이지. 교복이 개성을 없앤다고 생각하기 쉽지만, 다른 학교 학생들이

사람들은 내 외모를 먼저 봐.

교복을 입은 걸 보니

고등학생이로구나.

동물 보호 동호회 티셔츠를

입은 걸 보니 동물을 사랑하는 사람이네.

외모가 모든 것을 말해 주지는 않지만

외모가 많은 것을 말해 주는 건 사실.

나 혹은 학생이 아닌 사람들과 비교해서 생각해 본다면 오히려 내 정체성을 잘 보여 주는 옷이야. 어떤 단체에 동질감과 소속감을 느끼고 싶다면 똑같은 옷을 입는 것만 한 게 없지. 종종 친한 친구들끼리 외모가 비슷한 것도 보잖아. 서로 많은 영향을 주고받은 덕에 취향이 비슷해진 것도 있고 옷을 사러 갈 때 같이 간다는 실질적 이유도 있지만, 한편으로는 내가 좋아하는 사람과 같은 부류의 사람으로 보이고 싶다는 마음 때문이기도 해.

때와 장소에 걸맞은 꾸미기를 사람들이 중요하게 생각하는 것도 이 때문이야. 내 개성도 중요하지만, 때와 장소에 맞게 꾸몄을 때 사람들은 연대감을 확인하고 안심하지. 장례식장에 가는데 요란한 원색 옷을 입고 간다고 생각해 봐. 사람들은 그 옷차림을 보고 네가 슬퍼하지 않는구나, 하고 짐작해 버릴 거야. 그렇게 섣불리 짐작하는 것도 좋은 건 아니지만, 그런 옷차림이 오해하게 하는 건 사실이야. 때와 장소를 고려하는 것은 주변 사람들에 대한 관심과 배려야. 나는 이런 사람이라는 것을 보여 주는 데 급급해서 다른 사람들에 대한 배려를 잊지는 않았는지, 늘 살펴보아야 하는 이유 알겠지?

나를 '읽어' 보세요

그날 입은 옷으로 내가 어떤 사람인가를 다른 사람들에게 바로 알려 줄 수 있어. 무슨 생각을 하는지, 어떤 신념을 가지고 있는지 말 그대로 '직접 읽을 수 있는' 방식으로 전달하는 거지. 내가 문자도 아닌데 어떻게 읽느냐고? 바로 그 '문자'의 힘을 빌려서 자신을 드러내는 방법이 있잖아. '글자가 찍혀 있는 옷을 입는 방법' 말이야.

가지고 있는 옷 중에 글자가 찍혀 있는 옷은 얼마나 돼? 즐겨 입는 티셔츠에는 어떤 문구가 쓰여 있어? 별 생각 없이 문구가 쓰인 옷을 산 사람도 있지만, 자신의 신념을 티셔츠에 새겨서 입고 나니는 사람들도 많지. "동물을 사랑합시다."라고 할 수도 있고 "I LOVE NY"라고 써넣기도 해. 같은 신념을 가진 사람들끼리 뭉친 동호회에서 문구가 들어간 티셔츠를 단체로 맞추기도 하지. 아예 단체명을 새긴 티셔츠도 있는데, 소속된 단체가 내가 어떤 사람인지 말해 주기 때문에 이 또한 나를 드러내는 방법 중의 하나야. 내가 속한 야구 동호회의 티셔츠를 입고 나간다면, 사람들은 "아, 저 사람은 야구를 좋아하는구나." 하고 생각하게 되지. 한술 더 떠서 내가 좋아하는 팀의 마크가 새겨진 옷을 입는다면 "아, 저 사람은 저 팀의 팬이구나." 하겠지.

그렇기 때문에 알 수 없는 외국어가 쓰인 티셔츠는 조심해서 입어야 해. 내 신념과는 반대되는 이야기가 적혀 있을 수도 있거든. 뉴욕을 한 번도 안 가 봤고 관심도 없는데 "I LOVE NY"라고 쓰여 있는 티셔츠를 입고 다니는 건 욕먹을 짓까지는 아니지만, 저속하거나 나쁜 말이 쓰여 있는 티셔츠를 입고 있다면 사람들은 한 번쯤 돌아볼

거야. 나쁜 생각을 신봉하는 사람으로 보이거나, 혹은 그 문구가 무슨 뜻인지도 모르는 무식한 사람 취급을 받게 될 텐데, 그런 꼴을 당하는 건 싫잖아? 가끔 인터넷에 외국의 스타가 한글이 새겨진 옷을 입은 사진이 올라오기도 하는데, 그 문구가 무엇이냐에 따라서 멋있어 보이기도 하고 폭소가 터지기도 하지. 우리도 신경 쓰지 않으면 마찬가지 꼴을 당할지 몰라. 남들이 나를 보고 웃는데 왜 웃는지 모른다면 기분이 좋지는 않겠지?

신념을 직접적인 문장으로 표현하는 것 이외에도, 다양한 방법으로 주장을 보여 줄 수 있어. 예를 들어 한 신발 브랜드에서 "한 켤레를 사면 또 한 켤레를 오지의 사람들에게 지원하겠다."고 광고했어. 그 신발을 사서 신는다는 것은 지구의 또 다른 이웃에게 관심을 가지고 진지하게 돕고 싶어 한다는 것을 보여 주는 일이겠지. 그 브랜드의 '이미지'로 내 신념을 표현하는 거야.

일회용품 대신에 여러 번 쓸 수 있는 천가방을 쓰자며 '에코백'이 한창 유행일 때는 그 가방을 든다는 자체가 지구환경을 고민한다는 증거이기도 했어. 단순히 유행이니까, 혹은 패션 아이템으로 멋지니까 선택할 수도 있겠지만, 그 안에 담고 있는 철학을 적극적으로 지지한다는 뜻으로 그 제품을 사용하는 사람도 많아. 그러니까, 내 몸에 걸치는 것들에 대해 관심을 가지고 신중히 선택하는 것이 좋아. 은연중에 드러날 수밖에 없거든. 나라는 사람이 어떤 사람인지 말이야.

입는 것뿐 아니라 입지 않는 것으로도 내 신념을 표현할 수 있어. 모피나 가죽 제품을 절대로 입지 않는 것은 동물을 사랑하고 보호하고 싶다는 바람을 적극적으로 실천하는 것이지. 내 신념을 드러낼 뿐더러 직접적으로 한 마리의 밍크나 라쿤이나 토끼가 죽지 않도록 하는 것이기도 해. 그렇게, 내가 나를 꾸미는 방식은 음으로 양으로 사회의 다른 분야에도 영향을 미치지.

한 걸음 더 나아가, 금기를 깬다는 것

이미 사람들이 만들어 놓은 패션 브랜드의 철학을 받아들이거나 문구를 직접적으로 새겨 넣은 옷을 입고 다니는 것으로 나를 표현하고 주위 사람들에게 메시지를 전달하는 건 비교적 쉬운 방법이야. 그보다는 어렵지만 훨씬 효과적인 방법들도 있어. 그중 하나가 '금기를 깨는 것'이야.

인간의 역사는 금기를 깨면서 발전해 왔다고 할 수 있어. 늘 긴 치마를 입어 다리를 가려야 했던 미국의 여자들이 바지를 입겠다고 나선

건 언제였을까? 1850년 아멜리아 블루머가 여성해방운동의 일환으로 바지를 제안했지. 당시 여자도 활동성 있는 옷차림을 하겠다는 문제의식은 파격적인 것이었어. 코르셋에서 해방된 건 언제였지? 여자의 몸통을 졸라매 제대로 움직이기 힘들게 했던 속옷인 코르셋은 프랑스대혁명 때 사라지기 시작했어. 아직도 몇몇 나라에서는 여자들은 머리끝에서 발끝까지 온몸을 천으로 가려야 외출할 수 있어.

금기가 많은 사회일수록 개인의 자유는 제한받고 활동은 불편해져. 상상력도 빈약해지고. 사람들은 삶의 풍부함을 누리기 위해 금기의 벽을 깨려는 노력을 해 왔어. '패션'도 그중에서 한몫을 차지했지. 사람들이 집회와 시위를 할 때 피켓을 들잖아. 금기에 도전하는 패션은 그 자체가 피켓 역할을 한 것과 같아. 시각적인 충격은 사람들에게 강력하게 영향을 미쳤지. 새롭게 질문하게 했어. 왜 안 돼? 왜 바지를 입으면 안 되지? 왜 남자와 여자의 옷이 달라야 해? 편한 옷은 그만큼 사람을 활동적으로 만들었고, 더 많은 자유와 더 많은 상상력을 가져다주었어. 충격받고 불평하던 보수적인 사람들도 차차 변화를 받아들이게 되었지. 역사는 그렇게 발전한 거야.

윤복희라는 가수의 이름을 들어 봤어? 노래뿐 아니라 작사, 작곡, 뮤지컬과 영화 출연까지 폭넓게 해낸 팔방미인 가수야. 윤복희는 1967년경 우리나라에 처음으로 미니스커트를 들여온 것으로 유명하지. 한 TV 광고에서 윤복희가 미니스커트를 입고 비행기 계단에서 내려오는 모습을 마치 사실인 듯 연출해서 보여 줬는데, 그 인상은 무척이나 강렬했어. 윤복희가 과감하게 미니스커트를 입고 다니자 사람들은 한편에서는 비난하고, 또 한편에서는 환호했어. 굉장한 반응이었지.

미니스커트는 논란을 불러왔을 뿐 아니라 크게 유행했어. 한때는 경찰이 대나무 자를 들고 다니면서 치마 길이를 재고, 너무 짧으면 풍속을 해친다는 이유로 경범죄처벌법으로 단속하기도 했어. 미니스커트는 단순히 패션의 하나가 아니라 당시로서는 혁명이었어. 다리를 감추는 것이 당연했던 조신한 여성상에 와자작, 금을 낸 거지.

1960년대에 영국에서 미니스커트를 처음 만들고 유행시켰던 디자이너, 메리 퀀트가 한 일이 바로 그것이었어. 시대의 활기찬 변화를 눈에 보이는 형태로 드러내는 것. 더 나아가 한 걸음 앞서며 주도하는 것. 프랑스의 디자이너 앙드레 쿠레주가 미니스커트를 발명한 건 자신이라고 주장했는데, 그에 대해서 메리 퀀트는 이렇게 말했다고 해. "미니스커트를 발명한 건 나도 아니고 쿠레주도 아니야. 그것을 입었던 거리의 소녀들이었지." 맞아. 누군가 처음 시작할 수는 있겠지만, 널리 퍼트리고 변화의 상징으로 삼는 건 그것을 반갑게 입고 돌아다닌 당시의 사람들이니까.

패션의 변화는 사회의 변화를 반영할 수밖에 없어. 허리를 잘록하게 조이고 엉덩이를 강조한 코르셋과 화려한 드레스가 유행하던 시대를 지나 단순하고 활동적인 옷으로 유행이 바뀐 것은 그저 변덕 때문은 아니지. "왜 여자가 차별받아야 해?"라고 질문한 사람들은 남자의 옷 스타일을 가져와 '유니섹스 룩'을 유행시켰고, 자유와 반전을 노래했던 히피들은 인디언, 아프간, 인도의 민속 옷을 가져와 꽃으로 장식해 입었지. 자연스럽고 직접 손으로 만든 듯한 화려한 패턴의 옷은 딱딱한 군복과 대조되어 히피들의 철학을 눈에 보이는 형태로 드러냈어. 아직 우리 사회는 남자가 치마를 입는 것을 불편하게 보지만, 이 또한 언젠가는 전혀 어색하지 않게 되겠지. 그렇게 역사는 발전하는 것이니까 말이야.

"왜 안 돼?"라는 질문은 아주 다양한 분야에서 힘을 발휘했어. 패션이 사회의 변화 자체를 직접 이끌어 낸 경우도 없지는 않지만, 그것이 아니라 해도 사회의 변화와 패션의 변화는 어깨를 나란히 하고 같이 갔지. 사람들은 자신을 '금기를 깨는' 방식으로 꾸미면서 변화의 선두에 서게 되었어. 온몸으로, 말 그대로 온몸으로 말이야.

그렇다면 지금 바로 너에게 '금기를 깬다'는 것은 무엇일까. 학생답게 조신하게 입으라는 부모님이나 선생님의 말에 무조건 반기를 드는 것일까? 그것은 많이 생각해 보고 고민할 일이야. 단순한 반항은 수도 없이 되풀이되었지만, 그것이 금기를 깨면서 새로운 세계를 열어 보인 경우는 많지 않았거든. 어른들이 하지 말라는 일이면 다 할 테다, 하는 반항보다는, 지금 내게 불필요한 금기가 무엇일까, 곰곰이 생각해 보는 일이 필요해. 질문하고, 과감하게 방법을 고민해 봐. 혁명이 되지는 않더라도 적어도 어제보다는 나은 네가 되겠지.

내-생태계는 내게는 전부이지만, 어떻게 보면 아주 작은 세계이기도 해. 오직 나만 중심에 있고, 내 약한 힘이 겨우 미치는 곳이니까. 하지만 그런 내-생태계도 아주 커다란 세계에 긴밀하게 닿아 있다는 걸 잊지 마. 네가 입은 미니스커트, 네가 입은 티셔츠 하나도 사실은 굉장한 역사적 파장을 일으키며 시간을 건너와 너에게 온 거라는 걸 생각하면, 앞으로 네가 세계에 대단한 영향을 미치지 않으리란 법은 없는 거지. 그러기 위해서라도, 내-생태계를 더 단단하고 사려 깊게 꾸려 나가야겠지?

내 스타일을 찾는 긴 여행

외모를 가꾸는 데에도 시간과 자원을 얼마나 잘 분배하는가는 중요한 문제야. 용돈을 옷 사는 데 몽땅 투자하거나, 다른 일은 하나도 안 하고 밤낮없이 어떻게 가꿀 것인가만 고민해서는 곤란하잖아. 그렇지만 자신을 가꾸는 일에 끊임없이 관심을 가지는 건 아주 중요해.

사람들은 지금 네게 가장 중요한 것이 무엇인지 생각하라고 하지. 그러면서 공부의 중요성을 힘주어 말해. 그런데 지금 가장 중요한 것이 과연 공부일까? 아니야. 성장이야. 공부는 성장하기 위한 가장 핵심적이고 덩어리가 큰 활동이지만, 공부만 해서는 제대로 균형 잡힌 성장을 하기 힘들어. 지금 해야 할 일을 나중으로 미뤄 놓아서는 안 돼. 자신을 가꾸는 일에 관심을 기울이는 건 바로 '지금' 해야 할 일 중의 하나지.

가꾼다는 것은 매일매일 하는 일이야. 하루라도 거를 수 없지. 씻고, 먹고, 옷을 골라 입고…… 하나라도 빼놓아서는 일상생활이 곤란해져. 그와 더불어 내 스타일을 찾고 만드는 데 끊임없이 관심을 기울여야 해. 스타일은 급조할 수 없거든. 얼마나 시간을 오래 들여서 관심을 가지고 살펴보고 받아들이고 적용해 보고 버리느냐에 따라, 스타일은 천천히 뚜렷하게 만들어지지. 어느 날 무심코 입었던 옷이 반응이 좋다고 해서 1년 365일 그 옷만 입을 수는 없잖아. 그 옷의 어떤 점이 내게 어울렸는지, 그 장점을 잘 살릴 수 있는 또 다른 옷이 있는지, 그것이 내게 어울릴 뿐 아니라 내가 좋아하는 스타일인지도 생각해 봐야 해. 그건 어느 날 마음먹는다고 해서 짠, 하고 생겨나는 감각이 아니야.

갓 대학에 들어간 한 친구가 괴로움을 털어놓더군. 대학에 들어가면 자유로워져서 좋을 줄 알았는데 너무 힘들다는 거야. 무엇을 하든지 하나하나 결정해야 하는 게 큰 스트레스라는 거지. 수강 신청도 골라서 해야 하고, 동호회도 알아서 가입해야 하고, 밥을 먹으러

갈 때도 어딜 가야 하나 고민해야 하고…… 그중 가장 힘든 건 아침마다 입고 나갈 옷을 고르는 것이라고 하더라. 중고등학교 때야 교복을 입으면 되었지만, 대학생이 되니 옷도 하나하나 골라 맞춰 입어야 하는데 그게 참 힘들더라나. 제때 해 뒀어야 하는 일을 미뤄 두면 이렇게 나중에 '자유'의 한가운데 섰을 때 허둥지둥 주체할 수 없게 되어 버려. 그 숙제를 나중에 한꺼번에 해야 하는 거지. 그만큼 시행착오도 많아지고 말이야.

그러니 지금부터 시작해야 해. 내게 제일 잘 맞는 스타일을 찾아내는 것, 그 스타일을 크게 벗어나지 않으면서 색다른 기분을 낼 수 있는 범위를 확인해 보는 것, 바꿔 보고 활용하며 즐기는 것. 자신의 스타일을 찾는 과정은 숙제이기도 하고 놀이이기도 해. 아이들은 놀면서 자라잖아. 가꾸는 것도 마찬가지야. 어렸을 때 인형 옷을 갈아입히며 노는 것에 큰 기쁨을 느꼈던 것처럼, 너도 네 자신의 스타일을 찾아가면서 큰 기쁨을 느낄 수 있을 거야.

그래서 어떻게 해야 할까

유행을 따라가거나 주변의 가까운 사람을 따라 하면 쉽게 멋을 낼 수 있을까? 하지만 '나'는 유일무이한걸. 다른 사람에게 맞는 방법이 내게 맞으라는 법은 없어. 내게 맞는 방법을 찾는 것은 스스로 해야 하는 영원한 숙제지. 체형에 따라, 얼굴형에 따라 어떻게 하라는 조언들은 귀 기울일 만할까? '체형'뿐 아니라 '취향'도 중요해. 나를 가꾸는 것은 내 취향을 한눈에 보여 주는 것이지. 취향이 내 스타일을 만드는 데 있어 결정적인 요소거든.

그렇지만 누구도, 태어날 때부터 자기의 취향을 알고 있지는 않아. 취향이 완성되지 않았기 때문일 수도 있고, 깨닫지 못했기 때문일 수도 있지. 그럼 어떻게 내 취향을 알 수 있을까? 가장 좋은 방법은 따라 해 보는 거야. 그렇다면 앞에서 한 말과 다르지 않으냐고? 따라 하는 것도 두 가지 방법이 있지. 말 그대로 '무작정' 따라 하는 것. 그리고 또 하나는 '생각하고, 고민하고, 내게 적용해 보는 것'이야. 빨간색이 유행이라고 너도나도 빨간색을 입고 다닌다고 생각해 봐. 빨강이 내게 어울릴까? 궁금하다면 한번 시도해 봐도 괜찮아. 그런데 먼저 빨강을 좋아하기는 하는지 생각해 봐. 어울려도 별로 좋아하는 색이 아니라면 굳이 입을 필요는 없지. 어울리기 때문에 좋아하게 될 수도 있어. 그렇다면 빨강 옷은 유행이라서가 아니라 내 취향이기 때문에 선택한 거지.

취향은 시간이 지나면서 변하고, 그에 따라 네 스타일도 변해. 변화의 가능성은 언제나 열려 있어. 자신이 좋아하는 것이 무엇인지 환하게 아는 사람은 많지 않아. 이것저것 시도해 보고 실험해 보고 관심을 가지고 들여다보면서 취향을 마치 조각품 깎듯이 정교하게 깎고 다듬는 거야. 쓸데없는 것을 잘라 내고, 모순된 부분은 바로잡고, 취향이 같은 동지들을 만나고, 더 좋은 것을 발견하여 교체하고.

단순히 외모에만 국한되는 이야기가 아니야. 좋아하는 것이 무엇인지 알아야 좋아하는 걸 하면서 살 수 있거든. 내가 무엇을 마음에 들어 하는지 알아야 내-생태계를 좋아하는 것으로 채울 수 있잖아.

자신의 스타일을 발견하고 정교하게 다듬는 데 가장 필요한 건 끊임없이 시도하고 끊임없이 고쳐 보려는 자세야. 스스로를 가두지 마. 고정된 틀 안에 집어넣고 그 안에서 한 발자국도 나오려고 하지 않는 태도로는 다양한 세계를 접할 수 없겠지? 길은 다양하고 방법도 다양하고, 매력 또한 천차만별인걸. 그렇기 때문에 가꾼다는 것은 일종의 놀이와 같아. 이 '놀이'에 완성은 없어. 드디어 내 취향을 찾았어! 하는 순간이 와도, 시간이 흐르고 나이도 들면서 취향 또한 자연스레 바뀌어. 세상 또한 바뀌고 말이야. 그 변화에 유연하게 대응해야 해.

그러니까 나와 취향이 다른 사람을 흉보지 말자고. "어떻게 저런 걸 좋아할 수 있지?"라고 말했던 바로 내가 그것을 좋아하게 될 수도 있거든. "틀린 게 아니라 다른 것이다."라는 말 들어 본 적 있지? 취향에도 들어맞는 말이야.

다양한 취향을 실험해 보는 것도 좋지만, 옷값을 어떻게 감당하느냐고? 내 경우를 알려 줄까? 나는 친구들에게 잘 얻어 입어. 친구들끼리 옷을 돌려 입기도 하고 말이야. 그리고 벼룩시장을 애용해. 동네에서 작은 규모로 열리는 벼룩시장도 좋고, 인터넷 중고시장도 괜찮아. 그런 곳에서는 재미있는 스타일의 옷을 아주 싼값에 살 수 있거든. 내게 안 어울리는 옷은 팔 수도 있고. 그 옷이 잘 어울리는 사람도 어딘가에는 있을 테니 말이야. 깨끗하게 세탁한 헌 옷을 입는 것은 지구의 환경을 위해서도 좋은 일이라고. 끊임없이 생산되고 버려지는 옷들을 다시 한 번 살려 내는 것이니까 말이야.

더하는 것보다 더 중요한 빼기

또 한 가지 중요한 것은, 다른 취향을 참조하고 응용해 보는 것이 뭔가 더해 보는 것만을 뜻하지는 않는다는 거야. 어떨 땐 빼는 것도 필요해. 무엇을 더할 것인가 만큼이나 중요한 게 무엇을 뺄 것인가라는 것, 그걸 잊지 마.

내가 누구인지 보여 주고 내 개성을 드러내는 외모 가꾸기는 잘하면 놀이처럼 재미있지. 이것저것 시도해 볼 수 있는 여지도 많고 말이야. 하지만 절대로 피해야 할 것들이 있어. 어떤 게임이든 룰이 있듯이 가꾸는 데도 피해야 하는 룰이 있는 법.

일단, 지나치게 몰두하지 않도록 해야 해. 무엇이든 지나치면 독이 되거든. 과도함을 경계하고 적당한 선을 유지하도록 노력을 기울여야 해.

두 번째로, 이미 역사적으로 아주 나쁜 것으로 평가받은 입장을 옹호하는 것처럼 보이면 곤란해. 유대인을 학살했던 나치의 표식을 자랑스럽게 단다거나, 일본 제국주의의 상징인 욱일기가 그려진 옷을 입었다가는 곱지 않은 눈총을 받게 될 거야. 몇몇 연예인이 무신경하게 그런 옷을 입고 나왔다가 사람들의 지탄을 받기도 했지. 어떤 대상을 비하하거나 편견을 드러내는 말이 쓰인 옷도 마찬가지야.

세 번째로는, 내 개성을 보여 준다면서 다른 사람에게 혐오감을 주는 차림을 해서는 안 돼. 물론 그저 눈살을 찌푸리게 하는 정도라면 금기를 깨는 의미에서 과감하게 시도해 볼 만도 하지. 그렇지만 정도가 심하면 다른 사람을 괴롭히게 되거든.

네 번째 잊지 말아야 할 것은, 건강을 해치는 방법으로 꾸미면 안 된다는 거야. 외모를 꾸미는 데 집착한 나머지 건강을 해친다면 그것은 내-생태계를 부수는 짓이야. 옛날에는 허리를 엄청나게 조여서 소화기에 문제가 생기거나, 발이 자라지 못하게 꽁꽁 동여매어 제대로 걷지 못하게 하는 등의 무리한 방법을 사용하기도 했지. 그 당시에는 당연했을지 모르지만 그 방법들은 미개해. 아마 지금 내가 시도하려는 방법도 미래가 되면 미개하다고 생각할지 몰라. 몸을 망가뜨려 가면서 꾸미는 것이 아름다울 리 없잖아?

다섯 번째로는, 가짜를 사용하면 안 된다는 거야. 너무 예쁜데 비싼 브랜드의 옷을 도매시장에서 진짜와 똑같이 만들어 싸게 판다더라, 그런 소문을 듣더라도 절대로 사지 마. 남의 것을 훔치거나 남의 것을 훔치는 걸 도와주는 일과 똑같으니까. 그리고 아무리 똑같이 만들었다고 장담해도, 가짜는 자세히 보면 격이 떨어질 수밖에 없어. 그건 내 격을 떨어뜨리는 것과 마찬가지야. 가짜 물건으로 가득 찬 생태계는 그 자체가 가짜야. 유일무이한 내-생태계를 가짜로 추락시켜선 안 되겠지?

여섯 번째로는, 지구환경을 생각하지 않는 것은 피하라는 거야. 예를 들어 패스트 패션은 만듦새가 조악한 대신에 싸고 감각적이라 인기가 있지. 한 철 입고 버려도 부담이 없거든. 하지만 그 때문에 지구환경에 악영향을 끼친다는 비판을 받아. 한정된 지구의 자원을 끌어다 값싼 노동력을 동원해 만들고, 소비자는 싸니까 함부로 버리게 돼. 자원을 고갈시키는 동시에 쓰레기를 잔뜩 생산해 내는 거지. 좋은 옷을 사서 아껴 가며 오래 입는 게 지구환경을 지키는 데는 가

장 좋은 방법이야.

마지막으로, 다른 동물을 괴롭히고 죽여서 얻는 모피와 가죽을 재료로 한 옷은 가능하면 멀리하는 게 좋아. 나를 가꾸기 위해 남을 고통에 빠뜨릴 필요는 없잖아. 예전에 비해서 좋은 소재의 옷도 많으니, 굳이 동물을 고통스럽게

해서 얻는 재료를 사용할 필요는 없겠지?

중요한 것은, 내가 나를 가꾸는 일이 나 자신과 남에게 고통을 주어서는 안 된다는 거야. 만드는 과정이건, 유통하는 과정이건, 보이는 과정이건. 그 모든 것을 꼼꼼히 따지는 버릇을 이제부터 들이자고.

어떤 태도가 호감을 줄까?

아무리 호감 가는 외모를 지녔더라도, 태도가 좋지 않다면 사람들에게 좋은 인상을 줄 수 없어. 사람은 살아 움직이는 생명체잖아. 예쁜 그림은 걸어 놓기만 해도 사람들이 즐겁게 볼 수 있지만, 움직이는 생명체인 우리는 다른 사람들과 대화를 하고, 교류를 하지. 그 과정에서 사람들은 나를 좋아하거나 싫어하게 돼. 내 태도가 영향을 미치는 거지.

좋은 태도란 어떤 것일까? 어른이 하는 말에 또박또박 말대꾸하지 않고 순종적으로 구는 것이 좋은 태도일까? 찻잔을 들 때 우아하게 새끼손가락을 들어 올리는 게 좋은 태도일까? 사람들이 "너 그거 좋은 태도 아니다."라고 말할 때, 그 말을 무조건 받아들일 필요는 없어. 너를 오해하게 하는 태도나 불필요하게 너를 싫어하게 만드는 태도는 물론 고쳐야 하겠지만, 너 자신과 맞지 않는 태도를 억지로 갖출 필요는 없어. 네가 보여 주는 태도가 바로 너야. 다시 말해서,

네가 가치 있다고 생각하고 옳다고 생각하는 것이 태도로 드러나는 거지. 그것을 전제로 좋은 태도가 무엇인지 하나하나 알아보고 몸에 찰싹 붙여 보자고.

태도를 바르게 가지는 것은 '기술'의 문제가 아니야. 이럴 땐 이렇게 하고 저럴 땐 저렇게 하라며 알려 주는 방법을 눈여겨볼 필요는 있지만, 반드시 외우고 꼭 지켜야 하는 규칙은 아니지. 몇 가지 기본적인 원칙만 갖고 있다면, 복잡하고 어려운 규칙을 지키지 않더라도 좋은 태도를 유지할 수 있어.

우선, 주변 사람이 너에게 어떤 태도를 보일 때 그 사람이 좋게 느껴졌는지 생각해 봐. 아마 가장 큰 것이 '나를 존중하는 태도'일 거야. 그 사람의 나이가 많건 적건, 나와 어떤 관계이건 말이야. 부모님이라고 해도 나를 무시하고 내 말마다 핀잔을 준다면, 사랑이 스르륵 빠져나가는 게 느껴질걸. 선생님이 나를 존중해 주지 않을 때를 생각해 봐. 되던 공부도 턱 막히는 것 같지 않아? 친구도 그래. 사사건건 날 무시하고 내가 말할 때 쳐다보지도 않는다면, 그런 사람은 친구라고 부르기도 좀 꺼려지지.

내 태도도 마찬가지야. 상대방에게 형식적으로 예의를 갖추라는 것만은 아니야. 진심이 담기지 않은 '예의'는 이 사람이 나를 건성으로 대하는구나, 하는 느낌을 주거든. 상대를 존중하는 태도는 단순히 호감을 얻고 싶다는 생각만으로는 갖추기 힘들어. 마음에서 우러

나오지 않은 그런 태도를 우리는 '가식적'이라고 말하지. 그런 면에서 생각해 봐도, 내-생태계가 안과 밖이 모두 유기적으로 연결되어 있다는 게 실감 나지 않아? 반대로 다른 사람을 존중하는 태도를 갖추면 마음이 움직이기도 해. 마음은 눈에 보이지 않고 태도는 겉으로 드러나 눈에 보이지만 둘은 따로 놀지 않아. 내-생태계 안에서는 모두 유기적으로 연결되어 있지.

사람들이 호감을 느끼는 태도 중 하나는 솔직담백함이야. 그렇다고 해서 나에 대해 뭐든 다 얘기하라는 것은 아니야. 관심도 없는 내 얘기를 주절주절 늘어놓는 건 오히려 역효과를 가져올 수도 있거든. 사람들이 솔직담백한 태도에 호감을 느끼는 이유는, 상대방이 자신을 가식 없이 보여 주기 때문이지. 허세를 부리거나, 거들먹거리거나, 쓸데없이 감추려 하거나, 아첨하거나, 뭔가를 원하면서 음흉하게 돌려 말하는 태도는 모두 솔직담백함과는 거리가 멀어. 네가 좋은 사람이라면 남의 호감을 얻으려고 안달복달할 필요는 없어. 솔직담백함, 그 하나만으로도 충분히 사람들은 널 알고 좋아하게 될 거야.

솔직담백한 태도를 위해서는 쓸데없는 움직임을 없애는 것이 중요해. 앞서 예를 든 허세나 거드름, 아첨 등등은 불필요한 말이나 행동이 덧붙여진 것이라고 할 수 있어. 주변을 보고 곰곰이 생각해 보면, 대부분의 '싫은 행동'은 불필요한 것이 많다는 걸 알게 될 거야. 다리를 떠는 것, 침 튀기면서 얘기하는 것, 쓸데없이 툭툭 치거나 만지는 것, 큰 소리로 떠드는 것……. 예를 들어, 음식을 쩝쩝거리고 먹는 사람을 보면 신경이 쓰이잖아? 음식을 먹는 것에 '쩝쩝거린다'는 불필요한 행동이 덧붙여져서, 주변 사람들에게 피해를 주는 거지.

꼭 필요한 움직임만 하면 단정하고 우아해 보일 뿐 아니라 쓸데없이 힘쓰는 것을 피할 수 있어. 에너지를 절약하는 거지. 그렇게 절약한 에너지를 좀 더 좋은 일에 쓴다면 좋겠지? 일거양득인 셈이야.

또 하나는 긍정적인 태도야. 무조건 밝고 명랑할 필요는 없어. 슬프고 우울한데 억지로 밝은 척하려 한다면, 내-생태계는 균형을 잃고 기우뚱할 거야. 그렇다고 해서 내 기분을 거르지 않고 모조리 밖으로 발산한다면, 주변 사람들은 어떨까? 주변에 우울해하거나 화가 나 있거나 짜증스러운 사람이 있다면, 내 기분도 자연히 나빠지잖아. 나쁜 기분은 전염성이 강해.

긍정적인 태도가 다른 사람에게 호감을 주는 이유는 네가 다른 사람을 배려한다는 증거이기 때문이야. 네가 기분 나쁜 상태인 걸 알고 눈치를 본다거나, 네 슬픔에 전염되어서 같이 우울해진다면 그 사람에게 미안하잖아. 우울한 기분을 바꿔 보려 노력하거나 매사를 긍정적으로 이해하려는 태도는 다른 사람뿐 아니라 네게도 좋은 일이야. 물론 마음껏 슬퍼하거나 화를 내는 게 도움 될 때도 있겠지만, 툭하면 화내는 사람, 언제 폭발할지 모르는 사람, 변덕스러운 사람이라면 주변 사람들이 대하기가 편하지 않겠지.

어떻게 해야 할지 모르겠다면, 구체적인 지침이 있는 '예의'를 지켜 봐. 상대방에게 지나치게 가까이 다가가지 않고 적정한 거리를 유지한다든가, 대화를 나눌 때는 딴짓하지 않고 눈을 쳐다본다든가, 다리를 떨거나 거만한 자세를 취하지 않는다든가. 또 내게 호감을 주는 상대방이 어떤 태도를 보이는가를 관찰하는 것만으로도 좋은 태도가 어떤 것인지 알 수 있어. 커닝이 나쁘다고 하지만, 이런 '커닝'은 꼭 필요한 거라고.

지금의 자세가 미래의 병을 정한다

거북목 증후군, 척추측만증, 디스크…… 이런 말, 들어 봤어? 많은 어른이 고질적으로 앓고 있는 병인데, 이런 병들은 대부분 잘못된 자세가 원인이야. 다시 말해 가벼운 증상일 때는 바른 자세를 유지하는 것만으로도 낫거나, 개선될 수 있다는 얘기지. 이게 단순히 어른이 되면 갑자기 생기는 문제일까? 그 어른들은 사실 어릴 때부터 잘못된 자세를 유지해 왔어. 다시 말해, 지금의 자세가 미래의 병을 좌지우지한다는 것이지.

바른 자세는 외모뿐 아니라 건강과도 밀접하게 연관되어 있어. 구부정한 등, 의자에 축 늘어져 앉는 것, 다리를 꼬고 앉는 습관, 엉거주춤 걷는 자세 등은 아름답지 않을뿐더러 척추와 관절에도 무리가

가. 정수리에서 꼬리뼈까지 일직선을 유지하는 것, 가능한 한 좌우가 균형 잡힌 대칭의 자세를 유지하는 것. 손끝에서 발끝까지 내 몸 구석구석을 내가 제대로 통제해야 해. 말로는 쉬워 보이지만 계속 신경 쓰지 않으면 어느 사이엔가 등은 굽고 팔다리는 제멋대로 늘어져 있기 쉽지.

우리 인간은 직립보행을 하기 때문에 곧은 자세를 유지하려면 늘 노력을 기울여야 해. 척추는 말 그대로, 우리 몸의 중심이자 기둥이야. 척추에 무리가 가고 균형이 무너지면 건강이 급속도로 나빠지지. 허리가 아프면 많은 일을 할 수 없게 돼. 무거운 것도 못 들고, 손에 힘도 못 주고, 의자에서 일어나거나 화장실에서 볼일 보는 등의 일상적인 일을 하려 해도 엄청난 노력을 기울여야 하지. 누워도 아프고, 앉아도 아프고, 일어나서 걸어도 아프다고. 아픈 건 싫지?

어째서 그렇게 되는 것일까? 척추에는 온갖 신경이 뻗어 있거든. 척추가 뒤틀리면 신경에도 영향을 미쳐서, 두통이나 어지러움이 생기기도 하고 턱관절이 뒤틀리기도 하고 어깨가 무척 아프기도 해. 허리, 무릎, 발목에 통증이 생기는 건 물론이고, 심지어 소화 기능에도 문제가 생기지.

어떤 자세가 바른 자세일까? 척추뼈가 가장 예쁠 때는 언제인 것 같아? 일직선으로 곧을 때? 아니야. 자연스러운 S자 모양일 때야. 일자가 되면 탄력이 줄어들면서 무게를 고스란히 받게 되거든. 물론

정면에서는 바른 I자형이어야지. 정면에서 바라봤을 때도 S자 모양이라면 그건 '척추측만증'이라는 병이야.

내 뼈가 지금 어떤 모양일지 수시로 생각해 봐. 공중에서 끈이 내려와서 네 머리카락을 잡고 있다고 생각해 봐. 자세가 무너지면 머리카락이 당겨져 아플 거야. 어깨를 아래로 내리고, 턱과 아랫배를 집어넣고, 배나 가슴을 너무 내밀지 않은 자세. 이게 가장 자연스러운 자세구나, 하는 게 느껴지는 순간이 올 거야. 그 자세로 있으면 오래 앉아 있거나 서 있어도 쉽게 아프지 않지. 거울을 보며 가장 예뻐 보

잘못된 자세는 체형을 바꾸고
건강을 상하게 하고
다른 사람들을 불편하게 하지.
태도와 자세만 잘 갖춰도
건강부터 마음가짐까지 착착착
척추가 세워지듯
바르게 세워진다니까.

이는 자세를 찾는 것도 방법이야. 신기하게도 바른 자세가 제일 예쁘다니까. 건강하고 생기 넘치는 얼굴이 아름다운 것처럼 말이야.

제일 자세가 흐트러지기 쉬울 때는 뭔가에 몰입해 있을 때야. 친구들이 인터넷을 하거나 게임을 하는 모습을 잘 관찰해 봐. 등은 둥글게 굽고, 목은 앞으로 쭉 빼고 있지? 목이 뻐근하고 어깨가 결리며 통증이 생기는 거북목 증후군은 이름 그대로 거북이처럼 목을 앞으로 빼는 자세가 되풀이될 때 생겨. 자연스러운 곡선이어야 할 목뼈가 일직선이 되면서 통증이 생기는 거지. 컴퓨터만이 아니야. 스마트폰을 보고 있을 때의 자세를 생각해 보렴. 고개를 아래로 푹 숙이고 목을 빼고 있지? 친구들과 서로의 자세를 보면서 바르고 아름다워 보이는 기준에 맞춰 점수를 매겨 봐. 새로운 게임이라고 생각하고 말이야. 누구 점수가 제일 높아?

곧은 자세를 유지하는 것만큼이나 중요한 건 좌우대칭을 유지하는 거야. 짝다리를 짚는 버릇이 있다든지, 다리를 꼬는 버릇이 있다든지, 앉을 때 오른쪽 혹은 왼쪽으로 기대는 버릇이 있다면, 제일 먼저 바꿔야 해. 내 몸의 무게중심이 어디에 있는지 가늠해 봐. 무게중심이 한쪽에 쏠려 있다면 자세에 문제가 있다는 얘기야. 양쪽 발에 골고루 무게중심이 가도록 몸을 좌우로 흔들어 조정해 봐. 좌우대칭이 이루어진 느낌이 어떤 건지 감이 와?

인간의 몸은 왼쪽과 오른쪽이 완전히 같을 수는 없어. 하지만 가능한 한 좌우대칭을 유지해야 한쪽에 부담이 가는 것을 막을 수 있지. 움직이다 보면 몸은 어떤 형태로든 부담을 지게 되는데, 그 부담을 얼마나 골고루 잘 나눠 지느냐에 따라서 몸의 건강함이 결정돼. 균형이 맞지 않아 중요한 내장이 눌리거나 늘어나면 건강에 좋을 리가 없겠지?

내 몸의 손끝 발끝까지 야무지게 통제하는 것은 건강을 위해서이기도 하고, 심미적인 이유 때문이기도 해. 의자에 앉을 때 다리를 쩍 벌린다든가, 손을 털레털레 흔들며 걷는다든가, 다리를 심하게 떤다든가 하는 행동은 보기에도 안 좋아. 긴장을 놓지 않고 바른 자세를 유지하라는 말이 온몸에 힘을 주라는 얘기는 아니야. 몸을 잘 통제하는 것에는 힘을 줄 데에 주고 뺄 때 빼는 것도 포함되지.

어렸을 때 잘못 자리 잡은 자세는 고치기 힘들어. 끊임없이 노력해야 겨우 될까 말까 하지. 나중에 엄청난 노력을 들여 고치기보다는 습관이 굳기 전에 지금부터 신경 쓰는 것이 좋지 않을까?

준비된 태도가 기회를 잡는다

좋은 자세와 태도는 현재뿐 아니라 미래와도 밀접한 관련을 가지고 있어. 좋은 태도는 바로 지금 건강하게 하고, 바로 지금 호감을 얻게 해 줌과 동시에, 내 미래에 대해 더 잘 대비할 수 있도록 해 주지. 내가 세상을 향해, 내게 닥칠 일들을 향해 어떤 태도를 취하느냐에 따라서 내가 얼마나 더 발전할 수 있는지 결정되거든.

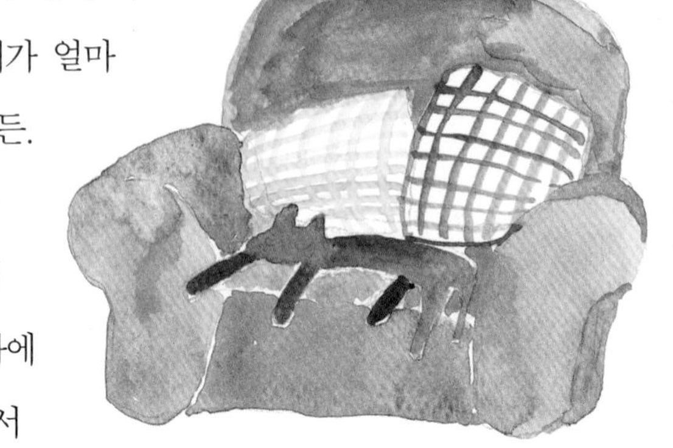

소파에 늘어져 있을 때와 몸을 일으켜 책상 앞에 앉아 있을 때 내 마음의 상태를 비교해 봐. 소파에 늘어져 있을 때는 만사가 귀찮아서 아무것도 하기 싫지. 목이 말라도 물 마시러 가기도 귀찮고, 리모컨 가지러 가기도 귀찮아. 이럴 때 어른이 심부름이라도 시킨다면 짜증이 샘솟기 마련이야. 그때의 마음가짐과, 깨끗하게 치운 책상 앞에 앉아 있을 때의 마음은 사뭇 다를 거야. 숙제를 하건 책을 읽건, 뭔가 하고 싶은 마음이 들잖아.

달리기할 때를 생각해 봐. 1등 하고 싶은 마음이 간절하면 몸이 어떤 자세를 취하게 될까? 이미 마음은 저 앞에 가 있으니, 몸도 앞으로 향하고 발끝은 땅을 박차고 나갈 준비를 할 거야. 머리카락 하나하나가 곤두서는 느낌일걸. 저 앞의 도착점을 향해서 말이야. 그 기분 좋은 긴장이 이길 가능성을 높여 주지. 마찬가지로, 준비된 태도는 기회를 잡을 가능성을 높여 줘.

내 마음은 어떤 자세에 어떻게 깃드는 것일까? 바지런하게 내-생태계를 가꾸고 있다면, 어떤 태도가 더 효율적인지 금방 깨달을 거야. 더 많이 움직이면 변하는 주변 상황에 더 빨리 반응하게 되지. 반대로 마음이 나태해져 있다면, 자세를 바로잡아 보는 것만으로도 마음가짐이 변하는 것을 느낄 수 있어. 앞서도 말했듯이 마음과 태도는 아주 밀접한 관계를 갖고 있거든.

외부 조건들 때문에 원하는 것을 못 했거나 못 가졌다고 생각할 때가 있을 거야. 그렇지만 길게 보면, 외부에서 일어나는 일보다 더 중요한 건 그에 대응하는 나의 태도야. 외부의 일은 일종의 날씨 같은 거거든. 비가 오는 건 어쩔 수 없지만 비를 쫄딱 맞고 진창길에서 엎어지느냐, 든든한 우산을 쓰고 장화를 신고 날씨를 즐기느냐 하는 건 바로 내 태도에 달려 있으니까. 살면서 생기는 여러 문제는 내가 선택할 수 없어. 하지만 그 문제를 어떻게 대할 것인가는 선택할 수 있지.

내-생태계의 세 번째 나이테,
공간과 인간관계

잘 가꾼 외모의 힘에 대해서 이야기해 보았으니 이제는 그런 나를 둘러싼 세계에도 눈을 돌려 보자. 내면과 외모에 이어, 나를 둘러싼 내-생태계의 세 번째 나이테야. 어렸을 때는 주변 상황을 내가 통제하거나 변화시킬 수 없었지. 부모님을 비롯한 사람들이 먹이고 재우고 씻기는 동안 그저 울거나 웃거나 두리번거릴 수밖에 없었을 거야. 그렇지만 네가 자라나면서, 네 주변 또한 네가 가꿔야 하는 대상이 돼.

이 세 번째 내-생태계에서 네가 가꿔야 할 대상은 크게 둘로 나눌 수 있어. 하나는 눈에 보이는 공간이야. 네가 책임지고 치우고 정리해야 하는 공간. 이 공간은 마치 아메바가 세포분열하면서 스멀스멀 커지듯이 네가 성장하면서 점점 더 커지게 돼. 어른을 도와서 설거지를 하면 기특하다는 소리를 듣지? 어느 순간 설거지는 책임져야 할 내 일이 돼. 부모님이 깔아 주고 개켜 주던 이부자리를 네 손으로 깔고 개기 시작한 순간은 언제였어? 부모님이 치워 주던 방은 이제 네가 치워야 할 공간이 되었지.

언제부터 방 좀 치우라는 잔소리를 듣게 되었는지 기억나? 태어날 때부터 들었던 잔소리 같겠지만, 따져 보면 사실 오래되지 않았어. 그 잔소리는 네가 성장했음을 보여 주는 지표지.

가꿔야 할 또 하나의 대상은 눈에 보이지 않지만 무척 중요해. 바로 너를 둘러싼 인간관계야. 좀 더 넓혀서 그냥 관계라고 해도 좋아. 예를 들어, 집에서 키우는 고양이와 너의 관계도 네가 가꾸어야 할 것에 포함되니까. 주변의 사람, 동물, 사물과의 관계는 네가 태어나면서부터 있었지만 아기일 때는 수동적으로 받아들이기만 하던 것을 자라면서 조율하고 가꿀 필요성이 생기지.

예전의 너는 사람들이 너를 좋아하는지 안 좋아하는지 신경 쓸 필요가 없었어. 모든 사람이 너를 좋아한다고 믿었거든. 아니면 좋아하고 안 좋아하는 감정의 차이를 몰랐을 수도 있지. 하지만 어느 순간, 인간관계가 생각보다 복잡하다는 것을 알게 될 거야. 단짝이 생기고, 너를 싫어하는 사람이 눈에 띄기도 하겠지. 누군가가 날 좋아했으면 좋겠다는 바람을 품기도 하고, 꼴도 보기 싫은 사람을 슬쩍 피해서 돌아서기도 할 거야. 그런 감정으로 인한 관계의 변화는 마치 날씨처럼 어쩔 수 없는 것으로 보일 수도 있지만, 내가 가꾸기에 따라서 따뜻하고 안온해지기도, 냉랭해지기도 하는 내-생태계에 속한단다. 어떻게 가꾸면 되냐고? 차근차근 짚어 보자고.

머릿속이 가지런해지기 위해서는

방 좀 치우라는 어른의 잔소리가 평소에는 지겹지만, 마음 깊은 데서부터 우러나서 청소를 하고 싶을 때가 있지. 그런데 하필이면 그때가 왜 시험공부를 해야 할 때일까? 공부하려고 책상 앞에 앉으면 왜 그렇게 책상 청소가 하고 싶을까? 청소하랄 때마다 '뭐가 어디 있는지 알면 되지, 청소는 뭐하러!' 싶었는데, 그때만큼은 먼지 한 톨도 신경 쓰이지. 책상 위를 청소하면 서랍 안이 신경 쓰이고, 서랍을 정리하고 나면 바닥에 쌓인 것들이 나 좀 치워 달라고 간절히 부르곤 하잖아. 그렇게 청소를 하고 나면 지쳐서 손가락 하나 까딱할 힘이 없으니, 시험공부는 무슨. 책장 넘길 힘도 없는데 말이야.

이러한 악순환을 예방할 방법이 있을까? 왜 없겠어! 아주 좋은 방법이 있지. 바로 평소에 청소를 해 두는 거야. 시험 기간에 아무리 청소로 도피하고 싶어도, 이미 청소가 되어 있다면 방법이 없잖아. 반짝반짝 닦인 책상 위에서 할 일은 책장을 넘기고 공부를 하는 것밖에 더 있겠어? 그러니 자연히 성적이 쑥쑥 올라가겠지! 평소에 주변을 가꾸는 자세는 이렇게 성적과도 직접적인 연관을 갖고 있어.

물론 간접적인 연관도 있지. 앞서 우리가 살펴보았듯이, 내-생태계를 유지하기 위한 가장 기본적인 활동은 '의, 식, 주', 세 가지 안에 잘 담겨 있어. 그중에서도 머물고 생활하는 공간인 집은 사람에게 안정과 휴식을 주는 곳이야. 물론 더럽고 눅눅한 이부자리에서, 과자 부스러기와 읽다 만 책과 쿡쿡 찔리는 장난감 따위에 둘러싸여 자는 것도 잠이라고 할 수 있지만, 깨끗하고 보송한 이불을 깔고 평화로운 분위기에서 누구의 방해도 없이 자는 잠이야말로 진짜 휴식이라 할 만하지. 짧은 시간 동안 자고도 피로가 충분히 풀리는 아주 질 좋은 잠 말이야. 휴대폰을 주기적으로 충전시키지 않으면 꺼지는 것처럼 사람 또한 휴식이라는 충전 기간이 꼭 필요한데, 이 휴식의 질이 얼마나 좋으냐에 따라서 내 컨디션이 크게 좌우되거든. 좋은 성적은 좋은 컨디션에서 나온다는 것, 당연한 것 아니겠어?

사실 주변을 정리한다는 건 시간이 드는 일이야. 공부하고 놀기에도 바쁜데, 시간을 쪼개어서 주변을 정리하자니 솔직히 아까운 느낌도 들어. 게다가 매일매일 정리해도 매일매일 어질러지는 걸 보고 있으면 다람쥐 쳇바퀴라는 말이 저절로 떠오르잖아. 어지른 건 생각나지 않고 치운 순간만 생각나는 게 사람의 마음이기도 하고. 그런데 이걸 평생 해야 한다고? 맞아. 슬픈 소식이지만, 평생 해야 해. 그렇지만 이럴 때 하는 말이 있잖아? "피할 수 없으면 즐겨라."

집을 가꾸는 시간이 아까우니까 청소를 하지 않는 것이 시간을 아끼는 것이라고 여기기 쉽지만, 사실 생각해 보면 정돈 안 된 집에서 필요한 것을 찾기 위해 낭비하는 시간이 만만찮아. 그러니 평소에 정리해 놓는 것이 오히려 시간을 아끼는 길인 셈이지. 준비물을 찾는 데 얼마나 걸려? 평소에 한 30분쯤 걸리지 않아? 무엇이 어디에 있는지 가지런히 잘 정리해 놓았을 때는 몇 분이나 걸릴지 한번 생각해 봐. 잘 정리해 두지 않았다면 필요한 물건을 찾다가도 "아, 지난번에 잃어버렸던 수첩이 여기에 있네." 하며 생각이 딴 곳으로 흘러가기 쉬워. 결국은 무얼 찾고 있었는지 잊어버리기도 하잖아. 남의 일이 아니지?

작가의 책상을 보면 글 잘 쓰는 팁도 알 수 있을 것 같아.
잘 깎은 연필과 잘 닦은 모니터, 잘 정리된 소품과 가지런한 자료들.
보기만 해도 글이 술술 써질 것 같지?

내 책상도 깨끗하게 정돈해 보자고.
진짜 훌륭한 작가처럼 글이 써질지도 모르잖아.

주변을 가꾸는 것은 경제적으로도 이득이야. 지우개를 잃어버려서 또 사는 일도 자주 생기지? 잘 둔다고 뒀는데 어디 뒀는지 몰라 새로 장만해야 한다거나, 나중에 찾았을 땐 이미 필요 없는 물건이 되어 버렸다거나 하는 일은 비일비재하게 일어나. 주변을 잘 정리해 둔다면 내게 필요한 게 무엇인지, 내게 부족한 게 무엇인지 금방 알 수 있겠지.

주변이 환해지면 머릿속이 환해지는 느낌이 들어. 이건 참 중요해. 내가 뭘 하려고 했는지, 지금 뭐가 중요한지 집중력을 잃지 않을 수 있거든. 물건들은 언제 어디서나 네 주의력을 빼앗기 위해 안간힘을 쓰고 있어. 머릿속이 혼란스럽고, 지금 하고 있는 일에서 금방 다른 일로 시선을 돌리고, 그러다 보니 하나도 제대로 끝내는 일이 없다면 주변을 한번 돌아봐. 아마 어른들이 "정신 사납다."고 하는 게 무슨 뜻인지 알 수 있을 거야. 개운하게 대청소를 해 봐. 큰 차이가 느껴지지? 모든 물건이 제자리에 있는 사람은, 모든 일정도 가지런히 정리되어 있기 마련이야. 해야 할 일들과 챙겨야 할 것들을 환하게 파악하고 있으면 뇌 속에 여유 공간이 생기지. 네가 좀 더 즐겁고 기분 좋은 생각을 떠올릴 수 있는 공간. 주변을 정리정돈하면 생기는 게 참 많지?

눈에 보이지 않는 부분도 마찬가지야. 예를 들어 메일함, 휴대폰의 문자메시지함, 다이어리 같은 것 말이야. 쓸데없는 스팸 메일이

나 메시지를 바지런히 지우고, 휴대폰으로 찍은 사진을 폴더별로 정리해 놓고, 한 일과 할 일을 다이어리에 적어 넣고, 이미 한 일을 목록에서 그때그때 지워 봐. 눈에 보이는 부분을 정리하면서 머릿속이 정리되는 일거양득의 효과를 볼 수 있지.

깨끗한 장소에 있는 건 좋지만, 깨끗한 방을 만들기 위해 청소를 하는 건 썩 내키지 않지? 먼지 풀풀 피어나는데 얼굴을 박고 땀 뻘뻘 흘리며 쓸거나, 더러워서 손대기도 싫은 것을 닦고 치우는 괴로운 과정은 생각만 해도 싫잖아. 그런데 신기하게도 청소를 하고 있으면 머리와 마음이 맑아져. 밖을 닦으면 닦는 대로 내 마음도 동시에 닦아지거든. 복잡한 생각이나 잡념들, 내게 도움이 되지 않는 쓸데없는 생각들도 청소를 하면서 닦이고 정리되는 거지. 마음이 괴롭거나 산만할 때, 자꾸 힘든 생각이 떠올라서 괴로울 때면 청소를 해 봐. 먼지를 떨어내듯 내 마음의 티끌도 떨어져 나가면서, 혼탁하던 마음이 맑아지는 게 느껴질 거야.

종교인들이 왜 그토록 청소를 중요하게 생각할까? 스님들은 하루 종일 절을 쓸고 닦지. 교회든 성당이든, 말갛게 닦고 청소하는 건 중요한 활동이야. 종교인들에게 가장 중요한 것은 마음을 다스리고 수련하는 것이거든. 명상에 잠기기도 하고 경전을 독송하기도 하고 마음을 다해 기도하기도 하고, 많은 방법을 실천하지만 그중에서 청소도 중요한 자리를 차지하고 있어.

청소는 미래를 준비하는 과정이기도 해. 청소를 보통 즐겁고 재미난 일을 하고 난 뒤의 뒷정리 정도로 생각하지. 불필요한 꼬리 같은 거라고나 할까. 장난감을 가지고 실컷 놀고 나면 반드시 따라오는 말, "놀고 났으면 치워야지." 숙제한다고 책상 위에 잔뜩 이것저것 펼쳐 놓고 나면 꼭 듣는 한마디. "다 했으면 치워야지." 라면이라도 끓여 먹으려면 설거지까지 생각해야 하고, 밖에서 정신없이 놀고 우당탕탕 들어오면 "신발 똑바로 놔."라는 잔소리는 어째 거르는 법이 없네. 왜 즐거운 일 다음에는 뒷정리와 청소라는 재미없는 일이 따라붙는 걸까, 생각한 적도 있을 거야.

만약 청소를 뒤가 아니라 앞에 붙여 보면 어떨까? 즐거운 일을 하고 난 뒷정리가 아니라, 즐거운 행동을 하기 위한 준비 과정이라고 생각하면 느낌이 확 달라지지 않을까? 장난감을 가지고 놀더라도 미리 정리되어 있는 것을 꺼내서 놀면 한층 재미있잖아. 숙제를 하더라도 무엇이 어디 있는지 알고 착착 꺼내 쓰면 능률이 훨씬 오르고 말이야. 라면을 끓이기 위해 깨끗한 냄비를 정해져 있는 자리에서 꺼내고, 라면도 차곡차곡 쌓여 있는 곳에서 골라 꺼내면 요리사가 된 기분이 들 거야. 뒤처리가 아니라 준비라고 생각하면, 앞으로 있을 즐거운 일에 대한 기대감이 더 커져.

우리의 삶은 계속 이어지고 있어. 오늘 어떻게 살았는지에 따라 내일이 결정돼. 오늘 어떻게 준비를 하느냐에 따라 내일의 상쾌함과 쾌적함이 결정되는 거야. 내일 더 행복하고 싶어? 그렇다면 오늘 준비하면 돼. 오늘 어지른 것, 오늘 사용한 것, 오늘 흩어 놓았던 것을 정리하고 추슬러 놓으면 내일 더 빨리, 더 크게 즐거울 수 있어. 그런 생각을 하면 청소도 참 할 만한 일이지?

깨끗함의 힘

가꾼다는 것에는 청결이 기본이야. 외모를 가꾸기 위해서는 우선 씻고, 옷을 빨아야 하고, 집을 가꾸기 위해서는 정리하고 먼지나 오물을 닦아 내야 해. 그런 기본적인 청결이 조건이 되지 않는다면 그 이후의 것은 아무런 의미가 없어. 사실, 청결이라는 말은 너무 강조된 나머지 진부하게 느껴지기도 해. 다른 모든 중요한 것들이 그렇듯이 말이야.

한동안 전염병이 돌았을 때, 사람들은 열심히 손을 닦았어. 화장실 갔을 때도 꼭 닦고, 아침저녁으로 씻기와 이 닦기를 게을리 하지 않았지. 치사율이 몇 프로다 하는 뉴스가 매일 나오니 그 병을 예방하기 위해 안 씻을 수가 없었던 거야. 그랬더니 그 전염병뿐 아니라 자잘한 병도 씻은 듯 나았다는 사람들이 나왔어. 가벼운 감기나 비염, 뾰루지, 무좀 같은 병을 예방하는 데도 청결이 무척 중요한 역할을 했던 거야. 피부가 좋아졌다는 얘기도 들렸지.

아무리 호감이 가게 생겨도 냄새가 나면 가까이 하기 힘들어. 냄새의 대부분의 원인은 불결함이야. 사람은 오감을 통해 다른 사람을 판단하지. 아름다운 외모뿐 아니라 좋은 목소리나 좋은 냄새도 호감을 좌우하는 중요한 기준이야. 얼굴은 번드르르한데 팔꿈치가 시커멓거나, 얼굴과 목의 색깔이 다르거나, 강렬한 향수 냄새 밑에 쿰쿰한 냄새가 올라오거나. 내가 바로 그런 사람이라면 어떨까?

집도 마찬가지야. 특히 집은 몸 하나 씻는 것과는 달리 돌아봐야 할 곳이 많아. 얼마나 깨끗한가 얘기할 때 화장실 변기를 기준으로 들곤 해. 부엌 수세미에서 화장실 변기보다 더 많은 수의 병균이 발견되었다거나, 휴대폰에서 화장실 변기 손잡이보다 18배나 많은 세균이 발견되었다거나. 무려 700여 종의 세균이 발견되는 칫솔의 경우는 변기 물에 있는 것보다 세균이 200배나 많다고 하지. 가정집의 매트리스에는 얼마나 많은 세균이 살까? 공중화장실 변기의 16배나 된대.

사실, 깨끗이 잘 관리된 가정집의 변기에는 세균이 많지 않아. 생활하면서 생기는 가장 더러운 오물을 처리하는 곳인데. 신기하지? 그렇지만 곰곰이 생각해 보면 그다지 신기할 것도 없어. 가장 더러울 것이라고 생각하기 때문에 가장 공들여 청소하니까. 늘 물로 씻

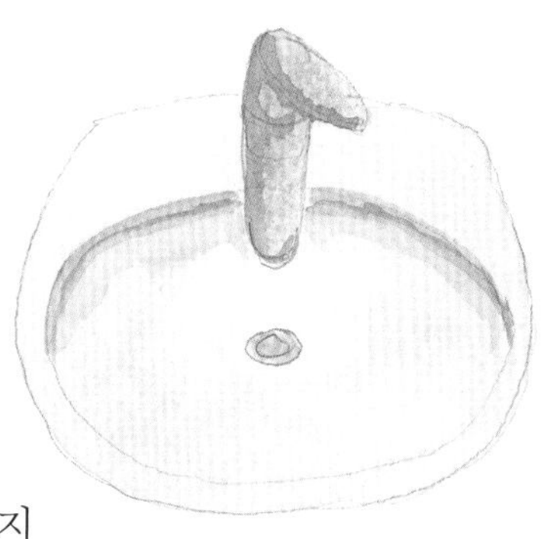

고 솔로 문지르잖아. 상대적으로 다른 곳은 소홀하게 되지. 침대 매트리스를 늘 물로 닦는 것은 아니잖아? 그러니까 주변을 더 세심하게 돌아봐야 해. 그다지 오염이 잘되지 않는다는 이유로 돌아보지 않는 곳은 없는지 말이야. 그런 곳에 세균이 많이 번식하거든.

청결, 하면 자연과 격리하는 것을 떠올리는 경우도 많아. 놀이터에서 흙장난을 하고 온 아이를 얼른 비누로 씻긴다든가, 숲을 산책하고 돌아오면 외투부터 신발까지 탁탁 털고 집 안에 들어온다든가. 하지만 우리의 생각과는 달리, 청결을 유지하는 것은 자연과 소통하는 것과도 밀접한 관련이 있어. 예를 들어, 청소를 시작하려면 늘 창문부터 열잖아? 집 안의 탁한 공기를 내보내고 상쾌한 공기를 들여보내는 것부터 시작하는 거지. 청결은 무균 지대를 뜻하는 것이 아니라, 자연과 조화를 이루는 것도 포함해.

철학자 플라톤은 이렇게 말했다고 해. 청결이란 더 나은 것을 남기고 나쁜 것을 버리는 것이며 물질이 공간에 날마다 질서 있게 들어오고 나가는 것이라고 말이야. 피부가 빨갛게 되도록 벅벅 씻거나, 이의 법랑질이 벗겨질 정도로 박박 이를 닦거나, 균을 한 마리도 남기지 않겠노라며 하루에도 손을 수십 번 씻는 것. 이것은 좋은 자세는 아니야. 불결과 결벽 사이의 어디쯤이 가장 좋을까. 어렵지? 하나만 기억해. 청결의 가장 핵심적인 기준은 '쾌적함'이라는 것.

'못타이나이' 정신

기분이 상해 문을 쾅, 닫고 나갈 때 부모님의 쯧쯧 소리와 함께 따라오는 말이 있지. "그렇게 닫아서 어디 부서지겠니?" 하기 싫은 설거지를 할 때도 왈그랑 달그랑 그릇 소리가 커지기 마련이야. 억울하게 야단맞았을 때 괜히 죄 없는 볼펜이나 책을 바닥에 던진 적 있어? 그러면 좀 속이 시원해지는 것 같기도 하지. 물건을 함부로 다루면 일시적으로 기분이 나아지는 것 같지만, 결국 깨지거나 부서진 물건을 보면 기분 나빴던 일이 다시 떠올라. 오히려 나쁜 기분을 머무르게 하는 셈이야. 주변 사람들에게 나쁜 기분을 전파하는 건 물론이고.

물건을 소중하게 다루는 건 물건을 아끼기 위해서만은 아니야. 물건을 소중하게 대하면 내 태도가 저절로 우아해지지. 우아함이라는 건 나이 든 노부인에게나 하는 칭찬 아니냐고? 청소년들은 명랑하고 생기발랄하면 되는 거 아니냐고?

아니야. 우아함은 굉장히 소중한 매력이고, 어렸을 때부터 꾸준히 연습해야 얻을 수 있는 미덕이야. 가만히 관찰해 봐. 식당에서 밥상을 차려 주는 분들이 그릇을 거칠게 탁탁 내려놓을 때와, 가만히 잘 놓아 줄 때, 느낌이 어떻게 달라? 가만히 잘 놓아 주면 내가 소중하게 여겨지는 느낌이 들지 않아? 물건을 소중하게 다루는 것은 나와 내 주변 사람들을 소중하게 대하는 것과도 밀접한 관련이 있어.

밥상에서 하지 말아야 할 일을 떠올려 봐. 수저를 탁탁 내려놓지 않는다든가, 반찬을 헤집지 않는다든가, 그릇을 젓가락으로 끌지 않는다든가. 가만히 살펴보면, 물건을 소중하게 여기면 되는 일이지. 내가 잘 모르는 서양의 식사 예절은 어떤 걸까? 칼이랑 포크가 많던데 언제 어떤 걸 쓰는 걸까? 잘 모르겠다면, 그저 물건들을 소중하게 다루기만 하면 돼. 그러면 나머지는 저절로 해결되니까. 물건을 소중히 다룬다면 사소한 실수는 금방 지나가거든. 우아하고 정중한 태도만 깊은 인상을 남기지.

하지만 우리가 사실 청소와 정리와 관련하여 가장 많이 듣는 말은 '버리라'는 것일 거야. 이제 낡아서 못 입는 옷뿐 아니라, 아깝지만 잘 안 입는 옷도 버리라고 해. 아직 쓸 만한 연필도 버리라고 하지. 뒷장이 많이 남은 연습장도 버리래. 버리는 건 물건을 소중하게 여기는 것과는

정반대의 입장 아닐까?

그렇게 볼 수도 있겠지만 곰곰이 생각해 보면 같은 입장이기도 해. 비슷한 용도의 물건이 열 개가 있으면, 하나하나를 소중하게 여길 수 없잖아. 주변에 물건이 너무 많으면 먼지를 뒤집어쓴 채 방치되는 물건은 꼭 생기기 마련이지. 꼭 필요한 물건만 갖추고 그것을 소중하게 쓴다면 여러모로 많은 에너지가 절약돼. 공간도 절약되고. 그러니까 버리는 것은 꽤 중요한 일이야. 그보다 더 중요한 것은 함부로 물건을 사거나 들이지 않는 것이지. 싸다고 사고, 1+1이라고 필요도 없는 걸 받아 오고, 충동적으로 사고, 누가 준다고 덥석 들고 오고…… 그렇게 생긴 물건은 나중에 버릴 수밖에 없는데, 버릴 때 또 에너지가 들고 죄책감이 들잖아.

정말 물건을 소중하게 생각한다면 낡은 물건이 매력적으로 느껴질 거야. 신중하게 골라서 갖게 된 물건을 아껴 쓰다 보면 그 물건이 세상에는 없는 오직 하나뿐인 게 되거든. 지금도 공장에서는 엄청난 양의 옷이 매일 만들어지지만, 내가 무척 마음에 들어 하고 자주 입고 잘 손질해서 내 몸과 잘 맞는 옷과는 비교할 수 없지. 매일 신상품들이 쏟아져 나와도, 내 손에 잘 맞게 길이 든 펜과 바꿀 수는 없어. 그 물건에는 내 마음과 시간이 담겼거든. 둘 다, 다른 어떤 것과도 맞바꿀 수 없는 소중한 것이야.

지금은 성장기니까 좋아하던 옷이라도 작아져서 더 이상 못 입게 되는 일이 많을 거야. 진짜 좋아하는 옷이라면, 잘 손질해서 어린 동생에게 주면 옷뿐 아니라 마음도 건너가지. 언니나 오빠, 누나나 형이 주는 옷도 마음이 담겨 있다면 새것이 아니더라도 기분이 좋잖아. 좋아하며 아껴 입는 것을 옆에서 봤다면 받았을 때 더 기쁘지 않을까? 나도 언니 옷 중에서 마음에 드는 것은 마음속으로 콕 집어 기다렸지. 물려받았을 때 무척 기뻤어. 새 옷보다 더 마음에 들더라고.

물건을 소중히 여기는 것은 내 주변을 넘어, 지구환경이라는 넓은 차원에서도 굉장히 가치 있는 일이야. 혹시 "못타이나이"라는 말을 들어 본 적 있어? 영어로 'MOTTAINAI'라고 쓰고 일본어로는 'もったいない'라고 쓰는 이 말은, '아깝다'는 뜻이야. 한 번 쓰고 버리라고 만든 일회용품도 제법 튼튼하게 만든 건 버리기 아깝잖아. 이 '아까워하는 마음'으로 물건을 소중하게 여기면, 쓰레기로 오염되는 지구도 구할 수 있지.

못타이나이는 일본말이지만 이 말을 지구환경을 위해서 세계 공통어로 쓰자고 제안한 사람은 케냐인이었어. 왕가리 마타이는 가난하고 황폐한 나라인 케냐에서 태어나, 나무 심기 운동을 벌여 결국 노벨평화상을 수상한 환경 운동가야. 왕가리 마타이는 어느 날 일본에 갔다가 '못타이나이'라는 표현을 듣게 되었는데 마음에 아주 쏙 들었대. 아까우니까 한 번 더 쓰고, 아까우니까 소중하게 여기는 것은 궁상떠는 것이 아니라 나를 위하고 지구를 위하는 길이야.

물건을 아끼는 태도는 나를 아끼는 태도이기도 하고, 남을 아끼는 태도이기도 하지. 가치 있는 물건을 소중히 다루는 사이에 너 또한 소중한 사람이 되어 있을 거야.

나만의 방법을 찾자

청결의 중요성도 알겠고, 정리해야 할 이유도 알겠어. 물건을 아껴야 하는 이유도, 쓸모없는 물건을 버려야 하는 이유도 알겠어. 하지만 막상 주변을 둘러보면 쉽지만은 않다는 것을 금세 깨닫게 될 거야. 치운다고 치웠는데도 티가 나지 않거나, 이건 어디다 둬야 할지 몰라 망설이는 물건이 잔뜩 쌓여 있을 때, 청소를 해야겠다는 의욕은 피시시시식 바닥으로 가라앉아 버리지.

그럴 때 '수납의 요정'이 왕림하셔서 내게 이렇게 저렇게 하라고 가르쳐 줬으면 싶기도 해. 하지만 나를 평생 따라다니며 알뜰하게 보살펴 줄 사람은 없어. 아직까지는 나를 도와주는 보호자가 있지만, 결국 내 주변을 관리하는 건 앞으로 평생토록 내가 책임져야 하는 일이잖아. 나만의 규칙을 만들고 요령을 쌓는 건 무척 중요해. 책이나 인터넷에서 '정리의 요령'이라고 알려 주

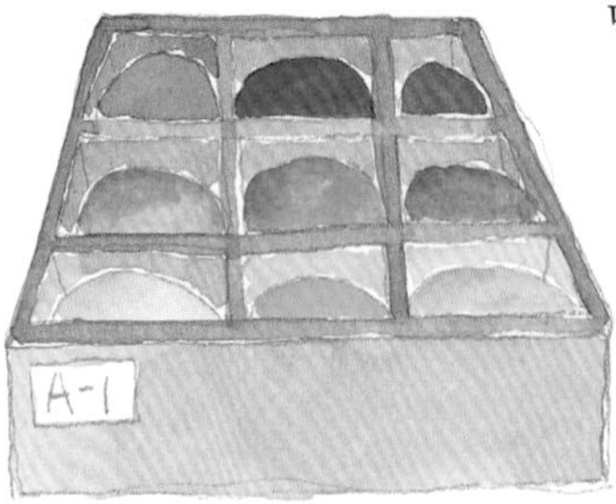

는 것이 유용할 때도 많아. 수많은 경험을 통해서 검증된 방법이라면 그만큼 효과가 있겠지. 하지만 그것이 나와 얼마나 맞는 방법인지는 오직 나만 알 수 있어.

주변을 가꾼다는 것은 편리하게, 효율적으로 활용한다는 의미잖아. 그런데 어떤 것이 편리한지, 어떤 게 효율적인지는 사람마다 달라. 그렇기 때문에 자기만의 방법을 만드는 것은 중요해. 다른 사람들의 팁을 참조하는 건 좋지만 내 몸에 붙지 않는 습관은 도움이 되지 않고, 내 생활과 맞지 않는 수납 도구는 오히려 쓰레기가 될 때가 많아.

청소와 정리는 굉장히 정직한 일이야. 공부는 많이 했는데도 결과가 안 좋을 수 있고, 친구와는 사이좋게 지내려고 해도 마음대로 안 될 때가 있잖아. 하지만 청소와 정리는 하는 만큼의 결과를 얻을 수 있어. 일이 마음대로 안 풀리고 답답하다면 청소를 해 봐. 하는 만큼의 보람을 느낄 수 있는 일을 하다 보면, 엉킨 마음도 스르르 풀리고 꼬였던 일도 자연스럽게 풀릴 거야.

곰곰이 생각해 보면 내-생태계에는 내 손이 필요하지 않은 곳이 없어. 아주 작은 것에서부터 큰 것까지, 내 손이 닿지 않으면 아무것도 제대로 돌아가지 않지. 어른들의 도움의 손길도 점점 줄어들 테고, 내가 해내야 할 일은 점점 더 많아질 거야. 사실, 가끔은 무섭기도 해. 그만큼 책임도 많아지고 할 일도 많아지니까.

그렇지만 결국 그만큼 할 수 있는 일도 많아지지. 내가 내-생태계를 능숙하게 관리하면 할수록, 내가 하고 싶은 일이 내가 하고 싶은 대로 이루어질 가능성이 높아져. 그러기 위해서는 몇 가지 원칙을 익힐 필요가 있지. 능숙해질 때까지, 하나하나 적용해 보자고.

아름다운 것으로 가득 채우자

소설가 알랭 드 보통은 『영혼의 미술관』에서 이렇게 말했어. "소중하게 여기는 것들의 경우 우리는 그것들과 약간 닮아 있다. 그런 오브제들은 자기 자신을 알게 하고, 타인에게 우리의 진정한 모습을 더 많이 알릴 수 있게 하는 매개체다."라고 말이야. 정리 컨설턴트 곤도 마리에는 『인생이 빛나는 정리의 마법』에서 이렇게 말하기도 했어. '자신이 무엇에 둘러싸여 살고 싶은가'가 중요하다고 말이야. 내가 좋아하는 것은 나를 보여 주고, 나는 내가 좋아하는 것을 닮아 가지.

내가 가꾼 것을 보여 주는 것은 나를 보여 주는 것과 마찬가지야. "나는 이런 것을 좋아해." "나는 이런 성향이야." "내 취향은 이거야." "내 습관은 이래." 이 모든 것을, 너를 둘러싼 주변의 환경이 말없이 말해 주고 있는 거지. 그렇게 생각하고 내 주변을 돌아보니 좀 무섭지 않아? 널브러진 잡동사니들, 악취미의 소품들, 제때 버리지 못한 것들이 가득 차 있는 것을 보면서 누군가가 너를 짐작한다면, 아니라고 팔이라도 휘젓고 싶어지지.

아름다운 것으로 주변을 가득 채우도록 노력하면 두 가지 면에서 큰 이득을 얻을 수 있어. 하나는 앞서 말했듯이, 나에 대한 사람들의 평가가 달라진다는 거야. 네 주위에 있는 걸 보면서 사람들은 너에 대해서 더 높게 평가하게 되지. 또 다른 면은 네가 주변의 좋은 영향을 받는다는 거야. 사람은 누구나 주변의 영향을 받을 수밖에 없어. 아름다운 것만 보면 아름다워지고, 좋은 것만 보면 좋아지는 건 자연스러운 일이야. 추하고 더러운 것이 모른 척 눈감는다고 없어지지 않고, 그러니 그것을 없애기 위한 노력도 해야겠지만, 그렇기 때문에 가능하면 돌아와 쉴 수 있는 내 주변은 아름다운 것으로 채워 놓는 게 좋아.

그런데 아름답다는 것은 무엇일까? 아름답다는 건 무척 폭넓은 개념이야. 아름다운 것은 편리한 것이기도 해. 잘 설계된 기계를 봐. 정말 아름답지 않아? 군더더기 없이 훌륭한 제품은 기능도 기능이지만 그 아름다움 덕분에 사람들의 사랑을 받잖아. 그래도 감이 잘 안 잡힌다고?

무엇이 아름다운지 알기 위해서는 꾸준히 살펴보고 관심을 가지

며 취향을 갈고닦아야 해. 남들이 아름답다고 해도 내 눈에 별로인 게 있고, 남들이 주목하지 않아도 내가 보기에 아름다운 게 있잖아. 왜 그런가 생각하다 보면 나만의 취향을 알 수 있게 되지.

내가 소중하게 생각하는 것과 내가 닮는다는 것은 축복이야. 그러므로 내 주변은 내가 아름답게 느끼는 것으로 채우자. 그렇지 않은 것들에게는 아예 처음부터 자리를 내주지 않는 게 좋겠지. 아름다운 것으로만 채우겠다고 결심하면 못생긴 것들이 들어올 틈이 없을 거야. 너의 촘촘한 생태계 안에 네가 소중하게 생각하지 않는 것이 들어올 자리는 없어. 네가 그렇게 마음을 먹는다면.

버리기의 미덕

그럼에도 불구하고 툭하면 내-생태계는 내가 별로 좋아하지 않는 것들로 가득 차게 되지. 이를 어쩌나? 좋아하는 물건만 남기고 나머지를 버리는 건 쉽게 할 수 있는 게 아니야. 이건 아직 쓸모가 있을 듯하고, 이건 한때 무척 좋아했고, 이건 언젠가는 좋아하게 될 수도 있고, 이걸 버리면 선물해 준 사람이 섭섭해할지도 모르고……. 버리지 말아야 할 이유가 백 가지는 생각날걸. 그렇다고 갖고 있자니 어디에 둬야 할지 모르겠고.

어떤 물건을 버리고 어떤 물건을 가지고 있어야 하는지는 자신이 결정해야 해. 많은 사람이 기준을 세워 보려 했지만, 역시 내 물건에 대해 나만큼 잘 아는 사람은 없잖아. 기준은 수시로 바뀔 수도 있고, 마음의 변덕을 따라갈 때도 많을 거야. 그래도 한 가지 분명한 진리는 마음에 새겨 두자고. 적게 가지면, 좋은 것만 남아.

그렇지만 좋은 것이라는 게 뭘까? 도대체 어떤 물건을 버리고 어떤 물건을 소중하게 아껴 써야 할까? 비싼 것? 브랜드 제품? 내 친구가 탐내는 것? 남들이 의미 있다고 하는 것? 비싼 브랜드의 제품이라도 내 마음에 안 든다면 굳이 갖고 있을 필요 없어. 내 친구가 탐내는 거라면 그만한 가치가 있나 싶어 내 마음도 흔들리겠지만, 곰곰이 생각해 봤을 때 내가 그리 좋아하지 않는 물건이라면 친구에게 선물해 보는 건 어때? 친구도 나도 행복해지는 길이지. 할머니가 떠 준 스웨터, 할머니가 좋아하실 테니까 자주 입으라고 해도, 내 마음에 안 든다면 할 수 없어. 쓰지 않는 물건을 갖고만 있는 건 할머니도 좋아하지 않으실 거야.

가지고 있는 물건은 적으면 적을수록

좋아. 그래야 갖고 있는 물건들을 하나하나 잘 보고, 유용하게 쓸 수 있거든. 좋아하는 옷이라고 해도 그저 그런 옷들 사이에 끼어 있으면 찾아 입기 어렵지. 좋아하는 펜인데 펜꽂이에 꽂힌 백 개의 펜에 섞여 있으면 찾아낼 수 없잖아. 그러다 보면 몇 번 못 입었는데 작아져 버리고, 몇 번 못 썼는데 말라 버려서 아깝게 떠나보내야 해. 제대로 누려 보지도 못하고 말이야.

그러니까, 갖고 있겠다고 결정하는 물건은 가장 아름답고 마음에 드는 것으로 골라야 해. 백 벌의 바지보다 마음에 드는 세 벌의 바지가 낫고, 백 개의 펜보다 마음에 드는 두어 개의 펜이면 충분해. 그보다 더 많아지면 활용도도 떨어지고, 공간도 낭비되고, 무엇보다 마음이 흐트러지지.

그거 알아? 모든 물건은 그것을 소유한 사람의 마음을 요구해. 한 번 내 것이 되면 없어질 때까지 마음을 써야 하지. 비싸고 좋은 물건이면 잃어버릴까 봐 걱정도 하고. 만약 잃어버리면 무척 속상할 거야. 사람들은 물건을 버리고 난 뒤에 홀가분해졌다고 말하곤 해. 홀가분하다는 건 뭘까? 마음에 드리워진 그늘이 걷히고 가볍고 환해졌다는 얘기야. 그 그늘을 드리운 물건을 치워야 비로소 환한 자리가 생기는 법이지. 내가 예쁘다고 생각하는 좋아하는 물건들에게 마음을 나눠 주고 나서도 넉넉하게 남는 환한 자리. 그러니까 물건을 들이는 건 아주아주 신중하게 결정해야 할 일이야.

내가 매일매일 쓰는 변기가
미술관에 전시되면 어떤 느낌이 들까?
그동안 홀대하던 게 후회되겠지.

아주 유명한 작품이 그려진
접시나 컵을 사용해서 음식을 먹으면
내 생활이 예술적으로 느껴지지 않아?

삶과 예술은 생각보다 가까운 곳에 있어.
네가 아름답다고 생각하는 것으로 주변을 채우고
네가 흉하다고 생각하는 것을 떨어 버리면
네 삶은 좀 더 예술적이 될 거야.

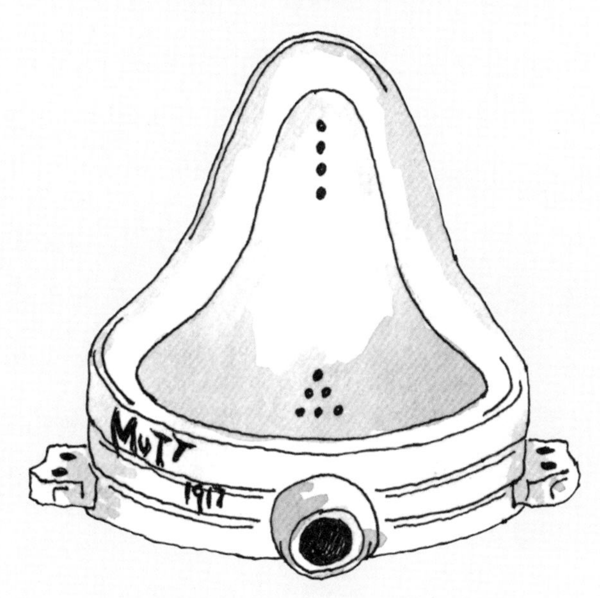

좋아하는 물건을 아까워한다는 것, "못타이나이" 한다는 것은 구두쇠처럼 쓰지 않는 것을 말하는 것이 아니야. "아끼면 똥 된다."는 말이 있어. 좋아한다고 모셔만 두면 결국 그 물건은 제 쓰임을 다하지 못한 채로 수명이 다하게 돼. 그러니까 좋아하면 오히려 자주 사용해 줘야 하는 거지. 자주, 잘 사용하기 위해서는 애정도 있어야 하지만 아이디어도 필요해. 그 아이디어는 꼭 머리가 좋아야만 생기는 건 아니야. 쓰임새에 대해 궁리하는 끈기와 물건의 다양한 용도를 찾아내는 관찰력이 있으면 얼마든지 퐁퐁 솟아날 거야.

'리폼'한다면서 안 쓰는 물건을 다른 용도로 바꿔 쓰는 방법이 많아. 청바지를 잘라서 가방을 만들고, 우유갑을 잘라서 수납함을 만들고, 휴지심을 모아서 양말 보관함을 만들고, 음료수병을 모아서 화분을 만들고. 리폼이 물건을 아껴서 쓰는 방법의 하나이긴 하지만 재활용보다 먼저 고민해야 할 것은 재사용이야. '이 청바지 버리기 아까운데? 가방이나 만들까?' 해서 만들었는데, 원래 즐겨 쓰던 가방이 있어서 거의 사용하지 않는다면 쓸모없는 물건을 또 다른 쓸모없는 물건으로 바꾼 것에 불과해. 심지어 내 노력과 시간을 들여서 말이야.

내게 꼭 필요한 물건이 있을 때 사기 전에 있는 것을 응용해 장만하려면 아이디어와 궁리가 필요하지. 신발주머니가 필요해서 자주 안 입는 청바지로 만든다면 안 쓰는 물건을 정리하는 것과 필요한 물건을 마련하는 것을 동시에 해낸 거잖아. 이럴 때 아이디어와 솜씨와 시간이 필요해. 물론 그보다 더 좋은 것은 갖고 있는 것을 잘 관리하고 수선해서 계속 쓰는 것이겠지만.

장소 만들어 주기

하나하나는 아름다운 물건이지만, 마치 폭풍이라도 지나간 것처럼 주위에 어지럽게 흩어져 있다면 전혀 아름다워 보이지 않을 거야. 모든 물건은 자기만을 위해 마련된 장소에 놓여 있어야 비로소 빛이 나거든. 예쁜 펜을 하나 샀다면, 집에 와서 가장 먼저 해야 할 일은 그 펜이 있을 곳을 마련해 주는 거야. 길에서 만난 새끼 고양이와 같이 살기로 했다면 잘 곳과 화장실, 밥 먹을 곳을 마련해 줘야겠지. 그것과 마찬가지야. 아무리 작고 단순한 물건이라도, 제자리가 없다면 쓸모도 잃고 외양도 빛바래게 돼.

예쁜 펜이 필통 혹은 책상 위의 펜꽂이에 잘 자리 잡았다면 쓸 일이 생길 때마다 금방 찾을 수 있어. 모든 물건에 자기 자리가 있다면 청소도 아주 쉽게 끝나겠지? 「메리 포핀스」라는 영화 봤어? 그 영화 속의 메리 포핀스는 박수만 짝짝 쳐도 모든 물건이 날아가 착착 개

켜지고 정돈되는 마술을 부릴 수 있지. 그건 모든 물건에 다 자기 자리가 있기 때문에 가능한 마술이야. 우리는 물론 메리 포핀스와 같은 마술은 부릴 수 없어. 그래도 미리 제자리를 마련해 둔다면 이걸 어디에 둬야 하나 고심하다가 청소의 의욕 자체를 잃어버리는 일은 막을 수 있겠지. 모든 것을 제자리로. 참 아름다운 말이야.

그렇다면 어떻게 제자리를 마련해 줄 수 있을까? 새로 선물 받은 책은 어디에 두는 게 제일 좋지? 나만의 방법이 필요하겠지만, 커닝할 만한 요령은 있어. 가장 큰 요령은 '범주화'하는 거야. 그리고 그 범주에 들어가는 것들은 한군데에 모아 놓는 것이지. 예쁜 펜을 사 왔는데 베개 밑에 둔다든가 신발 속에 넣어 놓는 사람은 거의 없을 거야. 펜을 많이 쓰는 곳 근처에 두겠지. 책상 위라든가, 가방 속의 필통이라든가, 학용품을 넣어 두는 서랍 같은 곳 말이야. 옷장에는 옷을 계절별로 개켜 넣고, 속옷 상자에는 속옷을 짝 맞추어 따로따로 넣어 두지. 책장에 책을 꽂을 때도 같은 범주끼리 모아 놓게 되지. 같은 저자의 책을 모아서 꽂아 둔다든가, 교과서와 동화책을 나누어 꽂아 둔다든가.

그렇게 두면 여분의 물건이 얼마나 되나 한눈에 파악하기도 쉬워져. 문방구 갈 때마다 예쁜 색으로 하나둘 사서 모았더니 펜이 80살이 될 때까지 써도 다 못 쓸 만큼 많아졌다거나, 수첩이 없어져서 매번 새로 샀더니 앞장만 쓴 수첩이 수십 개 된다거나 하는 사태가 생길 여지가 없어지는 거지. 크게 범주로 구분해 놓으면 대부분의 물건은 쉽게 제자리를 찾을 수 있어. 혹시 물건을 못 찾더라도 뒤져 보아야 하는 범위가 확 줄어드니, 찾는 시간을 절약할 수 있지.

물건에 제자리를 찾아 주다 보면 더 이상 공간이 없는 상황이 벌어지기도 해. 책장 하나가 꽉 찼는데 아직도 꽂아야 하는 책이 몇 권 더 있으면 어떡하지? 그렇다고 그 책을 옷장에 집어넣을 수는 없잖아. 그럴 때 이제 더 이상 필요하지 않은 물건을 없애고 정리해야지. 아무래도 읽을 것 같지 않은 책, 작아서 못 입는 옷, 이제는 말라서 나오지 않는 펜, 너덜너덜해진 수첩, 다 쓴 공책 등이 대상이야. 범주별로 모아 놓으면 필요한 것과 이제는 필요하지 않은 것이 한눈에 보이니 버리기도 한결 쉬워져.

같은 범주의 물건을 모아서 놓는다는 것은 큰 장점이 있지만, 거기에 얽매이지 않는 것도 필요해. 내가 무엇을 좋아하고 어떻게 움직이는가에 따라 정해진 장소에 필요한 물건을 갖다 놓으면 편리하거든. 자기 직전에 침대에서 비밀 일기를 쓰는 걸 좋아한다면 자물쇠가 달린 일기장과 볼펜을 침대 베개 밑에 놓아둘 수 있지. 침대 머리맡에 '지금 읽고 있는 책'으로 작은 책장을 만들면 어떨까. 준비물을 자꾸 잊는다면 방문에 고리를 달고 수첩과 펜을 걸어 놓는 게 편할 수도 있어. 고양이가 자꾸 옷장에 들어가고 싶어 한다면? 옷장 안에 고양이 집을 만들어 주는 건 어때? 다른 옷에 털이 묻지 않도록 상자로 튼튼하게 만들어서 말이야. 필통 안에 있는 펜 열 개 중에서 즐겨 쓰는 게 세 개라면, 이 세 개를 위해 따로 필통을 마련해 주는 것도 고려해 볼 만한 일이야. 이러한 유연한 판단의 기준은 '나'야. 내가 무엇을 하는 걸 좋아하는지, 침대에서, 책상에서, 바닥에서, 옷장 속에서 무엇을 할 때 행복한지 곰곰이 생각해 보면 방법이 보일 거야.

'키친 테이블 노블'이라는 말 들어 봤어? 소설가가 아닌 사람이 부엌 식탁 위에 노트와 펜을 두고 써 내려간 소설을 말해. 부엌은 식사를 준비하고 밥을 먹는 곳이지만 밥을 먹고 나서 숨 돌리는 시간에 소설을 쓰고 싶다면 그곳에 노트와 펜, 혹은 작은 컴퓨터가 있어도 좋겠지. 중요한 건, 일반적인 상식에 따라 물건이 있을 장소를 결정하는 게 아니라, 내 필요에 따라 필요한 곳에 필요한 것을 놓아두는 거야. 가장 중요한 것은 어떻게 하면 내가 하고 싶은 일을 잘 해낼 수 있을까 하는 거니까. 물론 가족이 함께 쓰는 공간과 물건이라면 먼저 가족의 기준을 존중하고 양해를 구해야 하겠지만 말이야.

자신의 성격에 맞는 시스템을 갖추는 것도 중요해. 꼼꼼한 사람이라면 세분화해서 보관하는 것이 기분도 좋고 성

향에도 맞을 거야. 하지만 그렇게 꼼꼼하지 않은 사람에게 그런 시스템을 강요한다면 미쳐 버리고 말걸. 볼펜과 연필과 수성펜과 색연필을 구분해 넣는 것이 적성에 맞는 사람이 있고, '필기도구'라고 써 놓은 서랍에 던져 넣으며 만족하는 사람도 있으니까. 그것도 힘들다면 '문구류'라는 더 큰 서랍을 하나 마련하는 게 좋을지도 몰라. 중요한 건, 내 성격이 어떤지, 내가 뭘 좋아하는지, 내가 어느 것이 더 편한지, 뭘 견딜 수 없는지 파악하는 거야.

모든 물건에 장소를 마련해 주는 게 그렇게 좋다면, 좀 더 응용해 볼까? 기억을 잘하는 데도 장소를 만들어 주는 것이 유용해. 고대 그리스 사람들은 기억을 잘하기 위해서 '장소법'이라는 방법을 사용했어. 일단 머릿속에 집을 지어. 그리고 기억해야 할 것들을 하나하나 그 상상 속의 집에 잘 넣어 두는 거야. 그러면 그것을 기억해야 할 때 그곳을 떠올리면 돼.

"내일 준비물로 뭘 가지고 가야 하지? 현관에 들어가서 왼쪽 세 번째 방문을 여니 벽에 스케치북과 물감이 걸려 있네." 하는 식으로 말이야.

매일매일 하는 힘

쓴 물건을 제자리에 놓기만 해도 청소의 80%는 된 거라고 볼 수 있어. 하지만 20%가 아직 남아 있지. 이 20%를 무시했다가는, 분명히 얼마 전에 깨끗하게 청소했다고 생각했는데 문득 돌아보면 방이 쓰레기장이 되어 있는 것을 발견할 거야. 억울해할 필요는 없어. 앞서도 말했듯이 청소와 정리는 정직하거든. 청소하고 정리한 만큼 보람을 느낄 수 있다는 면은 장점이지만, 은근슬쩍 무시했다가는 그만큼 난장판이 되는 것도 그 '정직함'의 한 면이지.

그렇기 때문에 매일매일 청소하는 것이 중요해. 첫 번째로는 모든 물건을 제자리에 두어야 하고, 두 번째로는 그날 생긴 쓰레기는 바로 그날 버리는 게 좋아. 세 번째는 쓸고 닦는 거야. 먼지, 이게 생각보다 힘이 세거든. 무시하고 있으면 야금야금 내 방을 잠식해 들어와서 이부자리를 버석버석하게 하고 예쁜 물건들을 회색빛으로 덮어 버리지. 내 폐에까지 스며 들어오는 건 물론이고 말이야.

지루한 일을 매일 해야 하다니, 생각만 해도 지긋지긋하다고? 그날그날 해야 할 일을 무시하고 내키는 대로 살면 어제가 오늘 같고 오늘이 내일 같지만, 매일 규칙적으로 청소하고 정리한다면 다음 날 아침에 눈을 떴을 때 산뜻한 하루가 기다리고 있지. 그날을 위해 모든 것이 준비되어 있는, 바로 그런 하루 말이야.

물론 매일매일 청소한다고 해도 대청소는 필요해. 계절마다, 해가 바뀔 때마다 하는 대청소는 다가올 계절이나 새해에 필요한 것을 준비하게 해 주지. 마음의 준비를 포함해서 말이야. 지난 계절의 옷을 집어넣고 새 계절에 맞는 옷을 꺼내는 것부터 시작해서, 매일매일 청소할 때 눈에 띄지 않고 조금씩 쌓인 묵은 때를 한꺼번에 벗겨 내는 기회가 되지. 1년이 지나면 한 학년 올라가는 준비도 함께 할 수 있어. 나비가 고치를 벗듯, 뱀이 허물을 벗듯 새로운 성장을 위해서 옛 껍질을 벗겨 내는 거야. 그만큼 성장한 것도 확인할 수 있을 거야.

엉킨 실타래 같은 인간관계 어떻게 가꿀까?

물건을 정리하고 청소하고 관리하는 건 오히려 쉬워. 눈에 보이는 만큼 성과도 분명하고. 줄이는 만큼 홀가분하고, 아끼는 만큼 풍족하지. 무엇보다, 물건은 버리려고 내놓았는데 나를 왜 버리느냐고 울부짖거나, 아껴 쓰고 있었는데 "네가 싫어!" 하며 나가 버리는 일은 없으니까. 상상해 보면 재미있긴 하지만 말이야.

하지만 인간관계를 가꾸는 일은 훨씬 어려워. 어렸을 때 내 주위는 나를 좋아하는 사람으로 가득 차 있었어. 부모님은 가끔 야단을 치기는 해도 마음 깊이 나를 사랑한다는 것을 본능적으로 알고 있었고, 형제자매들과 투닥투닥 싸우는 게 일이지만, 그래도 간식 사 달라고 조를 때는 둘도 없는 동지였잖아. 친척들, 이웃 사람들, 부모님의 친구들, 다들 날 보면 귀여워해 주셨는데. 가끔은 용돈도 주시고 말이야.

그런데 유치원에 가고 초등학교에 들어가면서 내 주위에 '인간관계'라는 게 생기기 시작하면, 어휴, 이게 웬일이야. 날 좋아하는 사람, 내가 좋아하는 사람, 날 싫어하는 사람, 내가 싫어하는 사람들이 막 생겨나면서 내가 좋아하지만 날 좋아하지 않는 사람, 난 싫은데 날 좋아하는 사람, 있는지 없는지도 모르는 사람, 나랑 서로 좋아서 죽고 못 사는 사람, 만나기만 하면 서로 못 잡아먹어 으르렁거리는 사람 등등이 주변에 가득 차게 돼. 사랑의 작대기, 감정의 화살표가 마주치고 어긋나면서 어떨 땐 엉킨 실타래처럼 난감해지기도 하지. 그리고 이런 인간관계는 나이가 들면 들수록 점점 더 복잡해질 거야. 그러니, 내-생태계를 잘 가꾸려면 인간관계를 잘 가꾸는 법을 필수적으로 알아야 해. 사람 또한 내-생태계의 주요 구성 요소거든.

온갖 상담 코너에는 인간관계에 대한 질문이 넘쳐 나. "그 친구는 나에게 왜 그러는 걸까요?" "어떻게 하면 화해할 수 있을까요?" "나를 괴롭히는 친구 때문에 죽고 싶어요." "친해지고 싶은 사람이 생겼어요." 고만고만한 질문이 백만 개고, 고만고만한 답도 백만 개인데 그래도 여전히 질문이 끊이지 않지.

사실, 인간관계를 잘 푸는 데 정답이란 없어. 이 세상에 상대방도 유일무이하고, 나도 유일무이하잖아. 왜 이런 감정이 생겨나는지, 어떻게 대처해야 하는지, 궁금한 것도 많고 결정해야 할 것도 많지만 아무도 대신 대답해 줄 수 없지. 여러 사람과 상황을 겪어 본 이들이 그럴듯한 조언을 주기도 하지만, 조언은 그저 조언일 뿐 정답이 될 수 없어. 그러면 어떻게 해야 할까?

사람들을 대할 때도, 물건을 정리할 때와 마찬가지로 나만의 기준이 필요해. 변덕스럽고, 무슨 생각을 하는지 알 수 없고, 나를 무척 좋아하는 듯하다가 어느 순간엔 모른 척하고. 앞에선 칭찬하고 뒤에선 험담하고. 만약 그런 친구를 만나면 어떨까? 둘 사이의 관계를 어떻게 풀어야 할지 고민이 되겠지. 뒤집어 생각해서 내가 다른 사람에게 어떻게 보일지 짐작해 봐. 내 감정이 안정되어 있고 솔직 담백하다면 다른 사람들도 너와 친구가 되는 것을 훨씬 수월하게 생각할 거야. 서로에게 가지는 감정이 투명하게 보이고 단순해질 거야. 자연스럽게 너 또한 그럴 테니까.

그렇게 서로의 감정이 분명하게 보이면, 서로에게 공감하기도 쉬워져. 상대방이 느끼는 감정이 어떤 것인지 나도 알고 있으니 말이야. 상대방의 입장과 감정에 공감한다면 어떻게 하는 것이 최선의 방법일지도 자연스럽게 나오지. 물론 쉽지는 않을 거야. 세상에는 정말 다양한 사람들이 많기 때문에, 남도 나 같으려니 하고 생각하다가는 실수하기 쉽거든. 그러니 더더욱 공감하고자 하는 노력이 필요해. 점점 더 많은 사람들을 만나고 얘기를 나누다 보면, 공감의 폭도 자연스럽게 넓어지게 되겠지. 동시에 너 또한 굉장히 복잡한 면모를 가지고 있다는 걸 스스로 깨닫게 될 거야. 그게 바로 '성장'한다는 것이지.

공감한다면 상대방이 내게 무엇을 원하는지도 좀 더 잘 알게 되지. 상대방이 내게 호감과 호의를 가졌으면 좋겠어? 그렇다면 상대방 또한 내가 자기에게 호감과 호의를 가지고 대하는 걸 좋아할 거야. 물건을 소중하게 대하고 아끼면 그 물건이 내게 유일무이한 것이 되듯이, 사람도 소중하게 대하고 아끼면 둘도 없는 관계가 될 가능성이 높아지지. 그렇다고 아첨하거나 비굴하게 굴라는 얘기가 아니야. 그렇게 만들어진 관계는 쉽게 허물어지기 마련이야. 상대의 마음을 충분히 이해하고, 어떤 느낌을 갖는지 상상하고 공감하면, 배려와 예의는 저절로 생겨나.

예의와 배려, 많이 들어 봤지? 예의 바르다는 게 뭘까? '그럴듯하게 점잔 빼고, 가식적으로 사람을 대하는 거 아냐? 나는 좀 더 친근하고 솔직하게 사람들을 만나고 싶은데, 왜 다들 예의를 지키라고 하는 걸까? 너무 예의를 지키려고 하면 오히려 가까워지기 힘든 것 아닐까?' 그런 생각이 들지도 몰라.

예의는 형식적인 면이 많지만 형식만은 아니야. 이 사회는 많은 사람이 같이 살아가고 있잖아. 내가 존중받는 가장 빠르고 효과적인 방법은 남을 존중하는 거야. 사람들에게 내가 받았으면 싶은 대로 대하는 거지. 누가 내 발을 밟았다면 당연히 나는 그 사람이 사과할

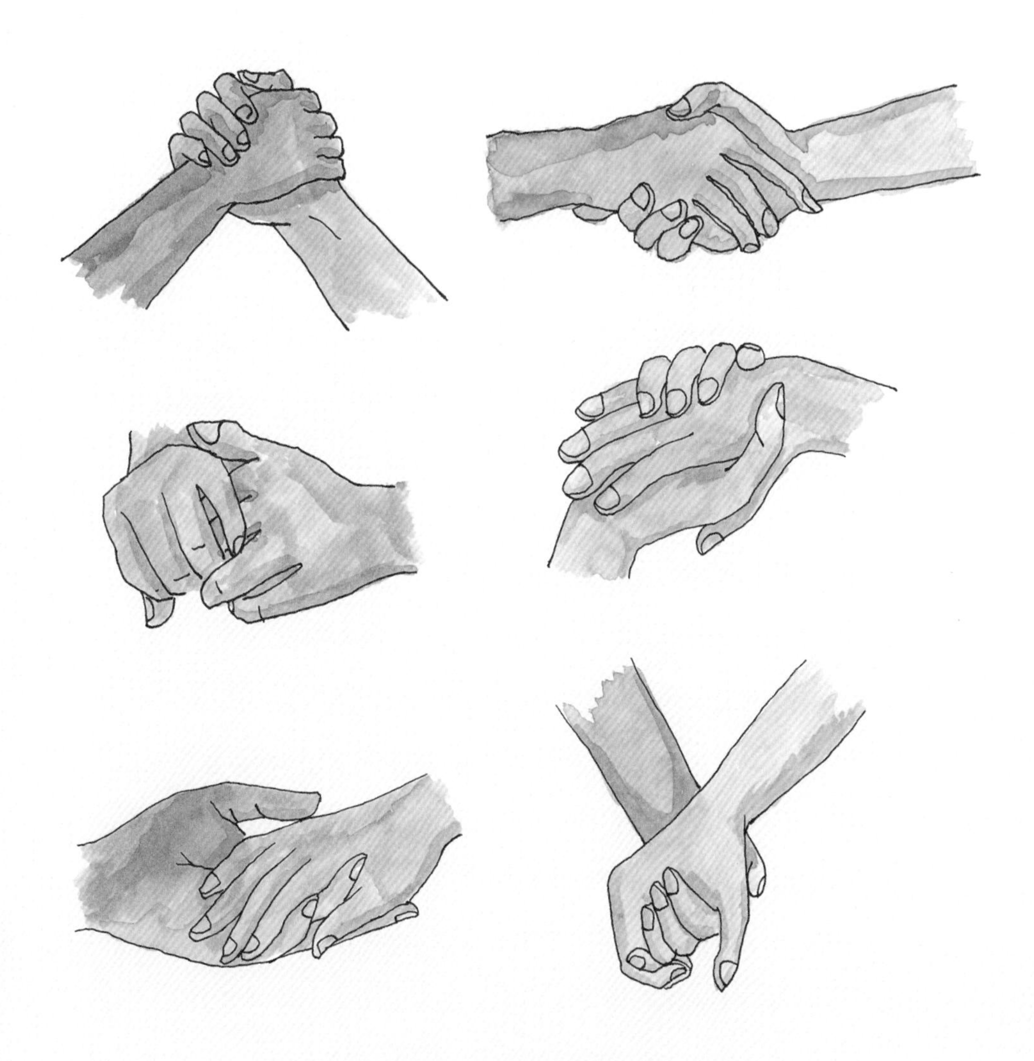

손을 잡는다는 건 참 특별한 일이야.

손이란 건 기능적인 일을 하기에 적합하게 만들어져 있지만

다른 사람의 손을 잡을 때 진가가 빛나지.

나는 너의 친구라는 것, 우리는 적이 아니라는 것, 함께 살아가자는 것.

그 많은 말을 한 번에 하는 행동. 말없이 손을 잡는 일.

거라고 생각하겠지. “누가 거기 서 있으래?” 하며 가 버린다면 얼마나 화가 나겠어. 길에서 세게 부딪쳐 놓고 말없이 쳐다보고 간다든가, 별로 친하지도 않은데 허락도 없이 내가 먹는 음식에 쑥 수저를 넣어 빼앗아 먹는다든가, 공공장소에서 굉장히 큰 소리로 떠들어서 “조용히 해 주세요.” 했더니 “네가 뭔데?”라며 오히려 화를 낸다든가……. 생각만 해도 화가 나지? 예의는 그런 상황을 막기 위한 일종의 완충장치이자 약속이야. 아이들이 타고 노는 범퍼카에 달린 범퍼 같은 거라고 할 수 있어. 직접 부딪치면 다치거나 마음 상할 수 있는 상황에서, 서로를 지켜 주는 방법이지.

예의를 가장 잘 지킬 수 있는 방법은 무엇일까? ‘에티켓 백과’ 같은 책을 보고 외우면 될까? 그보다는, 상대방을 배려하는 마음을 갖는 것이 중요해. 상대방을 배려하다 보면 어떻게 해야 할지 저절로 떠오르거든. 뒷사람을 위해서 닫히려는 문을 잡아 주는 행동은 상대방을 배려하려는 마음이 예의가 된 경우지. 물론 그럴 때 문 잡아 준 이에게 “고맙습니다.”라고 말하는 것도 예의 바른 것이고.

사람과 마주쳤을 때 서로 마음이 뾰족해져서 돌아설 때도 있고, 마음이 따뜻해져서 헤어질 때도 있을 거야. 내가 혹은 상대방이 환하게 웃으며 배려할 때, 우리 마음은 좀 더 말랑말랑 부드러워져. 그렇다면 내가 먼저 해 보지 뭐.

주변 사람을 배려하는 방법은 많아. 내 주변을 정리하고 청소 잘

하는 것도 그중 하나야. 같이 살거나 생활공간이 겹치는 사람이라면 말할 것도 없지. 네가 네 방을 잘 치우고 덤으로 설거지도 곧잘 한다면 부모님 마음이 어떨까? 네가 미리미리 잘한다면, 부모님의 시간을 아끼고 위해 드리는 일이 되지 않을까? 너도 잔소리를 듣지 않아도 되고 말이야. 마음처럼 잘되지는 않지만.

여기서 주의할 것은 그 사람의 입장이 되어 본다면서 그 사람의 기분을 쉽게 짐작해 버리면 안 된다는 거야. "뻔하잖아. 그렇게 생각하겠지." 하는 마음으로 말이야. 하지만 사람은 생각보다 복잡해. 내가 전혀 짐작하지 못했던 기분을 느끼고 있을 수도 있어. 그러면 어떻게 해야 할까? 찬찬히 살펴봐야 해. 잘 모르겠으면 솔직하게 물어보는 게 좋아. 사실 다른 사람을 이해한다는 건 시간과 노력이 드는 일이야. 애정이 없으면 하기 힘들지. 하지만 살펴보고 배려하는 태도가 몸에 배면 이후로는 좀 쉬워질 거야. 나와 가깝고 내가 좋아하는 사람들을 더 잘 이해할 수 있게 될 거고.

내 경우에 비추어 상대방의 입장에서 다시 생각해 본다면, 좋은 감정과 기분을 바로바로 전달하는 것이 상대방과 나의 관계에 도움이 된다는 것도 알 수 있어. 참 고맙다, 라는 생각이 들었는데도 뿌루퉁한 표정으로 가만히 있는다면 상대방은 어떤 기분이 들까? 그 다음에 똑같은 일이 일어났을 때 같은 배려를 해 주고 싶지 않겠지. 사람들은 기쁨과 행복을 자주 표현하는 사람에게 더 잘해 주고 싶거든. 식당에 갔을 때도 "고맙습니다." 말하고, 선물 받으면 감사한 마음을 반드시 전달한다면, 인간관계는 맺힌 데 없이 자연스럽게 흐르게 될 거야. 따뜻하고 말랑말랑하게 말이야.

모든 사람과 잘 지내야 할까?

관계를 잘 풀어내려는 마음이 앞서다 보면 가끔 오히려 상처받는 일이 생기기도 해. 한결같이 잘 대해 줘도 날 싫어하는 사람은 어딘가 있기 마련이거든. 왜 나를 싫어하는 걸까? 나는 객관적으로 봤을 때 나쁜 사람도 아니고, 상대방을 배려하고 공감하려고 마음도 쓰고, 그런 마음을 행동으로도 표현했는데. 그럴 때면 괜히 배신이라도 당한 것처럼 마음이 따끔따끔하지. '내가 뭘 더 어떻게 해야 해?'라며 야속한 마음도 들고 말이야.

그렇지만 그것은 삶의 이해하기 힘든 진실 중의 하나야. 모든 사람들이 날 좋아할 수 없다는 것, 그리고 내가 모든 사람들을 좋아할 수는 없다는 것 말이야. 나한테 중요하지도 않은 사람이 날 좋아하지 않는다고 상처를 받거나, 영 좋아질 수 없는 사람을 좋아하려고 애쓰는 대신 그 에너지를 내가 좋아하는 사람, 나를 좋아하는 사람에게 집중하는 게 더 좋지. 그 이외의 사람들과는 서로 해가 되지 않는 정도만 유지하면 돼. 아무리 서로가 싫다 해도 굳이 해코지를 할 필요는 없으니까. 더불어 무심한 민폐도 저지르지 않도록 주의해야 할 거고.

인간관계는 많은 에너지를 필요로 해. 사람들한테 마음을 쓰다 보면 느끼게 될 거야. '내가 인기가 많았으면 좋겠어!'라거나, '모든 사람이 날 좋아했으면 좋겠어!' 하는 욕심이 들기도 할 테지만, 그건 인기 절정의 스타라도 불가능한 일이야. 엄청나게 많은 사람이 애절하게 좋아하는 스타가 또 한편으로 얼마나 많은 비난을 받는지 알지? 이 세상 모든 사람이 좋아하는 사람이란 존재하지 않아. 그러니 내 주변의 소중한 사람들을 챙기는 것이 필요해. 사람이 물건은 아니지만 원리는 비슷해. 소중한 사람을 진정으로 아껴 주려면 포기해야 하는 것도 있는 거지.

사람들은 자기만의 장점을 가지고 있어. 그 장점을 발견하고 좋아하게 되는 건 일종의 축복이야. 다른 사람의 장점을 발견하려고 노력하는 건 필요하지만 세상의 사람들을 모두 사랑할 수는 없어. 편애는 피할 수 없지. 모든 사람을 널리 공평무사하게 사랑하는 일은 예수님이나 부처님께 맡기고, 우리는 우리가 좋아하는 사람과 잘 지내 보자고.

내-생태계에서
우리-생태계로

내-생태계의 범위는 어디까지일까?

그동안 내가 가꾸고 관심을 기울여야 할 '내-생태계'에 대해서, 가장 안쪽에서 바깥쪽까지 차근차근 살펴봤어. 너를 둘러싼 작은 공과 같은 그 생태계 안에서 일어나는 모든 일을 주관하는 것은 너라는 것, 이제는 알겠지? 건강을 돌보고, 외모를 가꾸고, 주변을 청소하고 정리하고, 인간관계도 조율하는 그 모든 가꾸는 과정은 서로 밀접하게 관련되어 있고 큰 원칙하에 돌아가고 있어. 너의 내-생태계가 청정한지 혼탁한지 결정하는 것도 너고, 그 덕을 보는 것도 너야. 그리고 그 생태계를 차근차근 확대해 가는 것도 바로 너고 말이야.

내-생태계를 잘 가꾸려면, 그보다 조금 더 넓은 세상에도 관심을 기울여야 해. 그곳은 내-생태계가 아니잖아? 싶지만, 우리 각자의 생태계가 포근하게 자리 잡은 둥지이기도 하니까 관련이 없을 수 없지. 더구나 자연은 생각보다 훨씬 더 우리 생활에 큰 영향을 미치고 있어. 집과 학교, 학원 말고 내가 가끔 가는 곳은 어디일까? 기분 전환을 하기 위해서 산책을 가기도 할 테고, 공놀이하러 운동장에 갈 때도 있지. 놀이터에도 종종 가고, 부모님 따라 뒷산에 가기도 할 거야. 그 모든 곳에 자연이 있어. 너무 더워서 늘어져 헥헥 숨만 쉬며 버틸 때도 있고, 너무 추워서 밖에 나갈 엄두도 못 내고 집 안에 꽁꽁 싸매고 앉아 있을 때도 있을 거야. 비가 너무 많이 와 동네 축대가 무너졌다는 소식도 듣고, 눈이 많이 와서 학교가 쉬기도 할 거야. 이 모든 날씨를 관장하는 것도 자연이야.

직접적으로 내가 관리해야 하는 건 아니지만, 내 삶과 밀접한 연관을 가진 곳들 또한 큰 의미에서는 내-생태계라고 할 수 있지. 환

지구는 우주에서 보면 무척 작은 별이지만
나에게는 정말 크나큰 세계.
그 넓은 세계가 전부
바로 나와 같은 사람들이 만들어 낸
수많고 수많은 내-생태계로 가득 차 있지.

기를 시키려고 창문을 열었을 때 들어오는 신선한 바람은 어디서 오는 걸까? 우리 집 근처에 나무가 있기 때문에 가능한 거지. 더러운 공기를 걸러 주고 신선하게 만들어 주니까. 숲에 들어가면 공기가 확연하게 달랐던 느낌, 받은 적 있을 거야. 집 근처를 흐르는 개천이 맑다면 주변의 환경도 그만큼 깨끗해지겠지만, 개천이 더럽다면 냄새도 나고 해충이 꼬이면서 내 삶의 질이 떨어지지. 가까운 자연만 내 삶의 질을 좌지우지하는 게 아니야. 봄이면 미세먼지 때문에 외출도 자제하라고 하는데, 그 먼지는 어디서 오는 것일까?

그러니, 나를 둘러싼 자연에도 관심을 가질 수밖에 없어. 넓은 의미에서 내-생태계에 포함되는 거지. 공원은 관리 아저씨가 있고, 뒷산은 딱히 가꾸지 않아도 나무나 풀이 스스로 무성하게 자라는 것 같고, 가로수는 시에서 알아서 하는 거고…… 하면서 가꾸는 건 남의 몫이라고만 생각한다면, 결국 내-생태계 또한 오염되고 말 거야. 세상의 모든 것은 아주 멀리 떨어져 있는 듯 보이는 것도 서로 밀접하게 연관이 되어 있으니까 말이야.

그러면 어떻게 가꾸느냐고? 물론 관리하시는 분이 있는 곳에서 내가 할 수 있는 일은 많지 않아. 그렇지만 눈에 띄는 쓰레기를 줍는다거나, 내가 치울 수 없는 쓰레기나 문제를 발견했을 때 신고한다거나, 기회가 있으면 나무를 심는 활동에 참여하는 등 여러 방법이 있을 수 있지. 관심을 가지고 눈을 크게 뜨고 보는 거야. 그러면 내가

할 수 있는 일이 보일 테니까.

이렇듯 주변을 가꾸는 일이 남의 일이 아니라 내 일이라 깨닫는 것. 거기에서부터 많은 것이 시작되지.

자연을 접할 기회를 많이 만드는 것도 좋아. 집에 공간이 있다면 작은 텃밭을 가꿔 보는 건 어떨까? 식물이 나고 자라고 죽는 것을 보살피고 지켜보는 것은 많은 것을 생각하게 할 거야. 나도 텃밭에서 몇 가지 작물을 심어서 키워 봤는데, 처음 딸기를 땄을 때는 마치 기적을 눈앞에서 보는 것 같았지. 오이를 차례차례 따 먹다가 미처 발견하지 못한 오이가 노랗고 단단한 '노각'이 되어 있는 것을 봤을 때는 오이의 한 생애를 목격한 듯 숙연해지기도 했어. 물론 맛있게 먹었지만. 식물을 키우면서, 혹은 동물을 키우면서 생명력에 대해서 생각해 보는 것도 무척 좋은 일이 될 거야. 내가 나를 가꾸는 것을 넘어 다른 존재를 가꿔 보면 공감의 폭도 굉장히 넓어져. 이러한 공감의 힘은 내-생태계를 가꾸는 데도 꽤 도움이 된다고.

나비의 작은 날갯짓이 불러오는 태풍을 맞으며

자, 이제 진짜로 넓혀 보자고. 지구와 우주 단위로 생각을 펼쳐 봐. 상상하기도 어려울 만큼 크고 넓은 세계 말이야. 그 속의 나를 생각하면 한없이 작게 느껴지고, 미미하고 미미한 내가 뭘 한다고 해 봤자 그 속에서 어떤 영향이나 미치겠어, 싶은 생각이 들지도 몰라. 지금도 전 세계에서 엄청나게 많은 사람이 쓰레기를 배출하고 있는데, 나 하나가 아껴 쓰고 쓰레기를 덜 내놓으려고 노력한다고 지구환경에 조금이라도 도움이 되겠어? 내가 전기를 아껴 쓰려고 매번 불을 켜고 끈다고 해서, 발전소 하나 덜 짓는 데 손톱만큼이라도 영향이 있겠어? 이런 생각 말이야.

환경을 위해서 많은 사람들이 애쓰고 있다는 건 알고 있을 거야. 그렇지만 어떨 땐 의심스럽기도 할 거야. 진짜 내가, 혹은 우리 가족이 이만큼 아끼는 게 영향을 주기나 할까? 내 방을 치우는 건 조금만 노력하면 금방 티가 나고, 매일매일 잘 씻기만 해도 내 외모에 드러나는 변화는 분명한데 지구환경을 위하는 건 그렇지 않거든. 그만큼 지구 단위의 넓은 세계가 내게 미치는 영향도 미미하게 느껴지지.

지구의 환경을 생각하는 사람들은 말하곤 해. "후손에게 물려줄 이 땅을 소중하게 사용하자."고. 후손이라니. 너무 먼 얘기잖아. 난

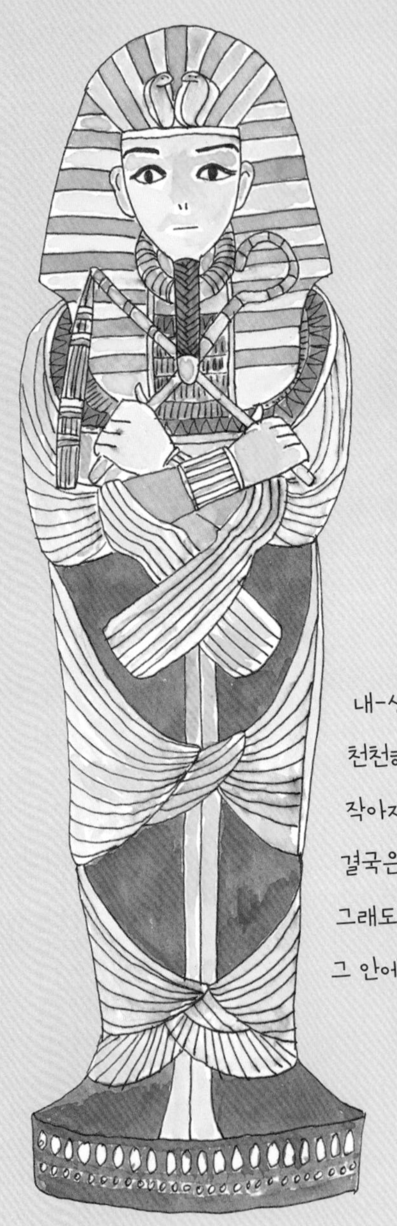

내-생태계는 성장하는 것만큼이나
천천히, 그리고 확실하게
작아지고 작아지다가
결국은 어느 날 없어지게 될 거야.
그래도 괜찮아. 우리는 한 시절
그 안에서 인생을 누리니까 말이야.

이제 겨우 내 방 치우고 내 옷 개서 넣는 정도인데, 언제 결혼하고 언제 아이를 낳겠어. 심지어 그 아이의 아이의 아이의 아이…… 상상도 잘 안 되는 그 까마득한 시간을 위해 지금 애쓸 필요가 있을까?

하지만 애쓸 필요가 있어. 우리의 이 아주아주아주 작아 보이는 노력이 영향을 미쳐서 큰 변화를 일으키거든. 그것이 이 우주의 오묘한 진리야. '나비효과'라는 말 들어 봤어? 미국의 기상학자인 에드워드 노턴 로렌즈가 1972년의 한 강의의 제목을 이렇게 지었지. "예측 가능성—브라질에서의 한 나비의 날갯짓이 텍사스에 돌풍을 일으킬 수도 있는가." 이후 줄여서 '나비효과'라는 말로 불리는 이 법칙은, 사소해 보이는 조건이 어떻게 나중에 커다란 결과를 낳는지에 대해 설명하고 있어. 모든 나비의 날갯짓이 늘 태풍을 불러오는 것은 아니야. 만약 그렇다면 이 세상의 수많은 나비들을 소탕하라는 명령이 내려졌을걸. 하지만 작은 움직임이 예측할 수 없는 커다란 결과를 가져오는 일은 무수히 많이 일어나고 있지. 바로 지금 이 순간에도 말이야.

그러므로 우리는 우리가 하는 모든 행동이 좋은 결과로 이어질 수 있도록 노력해야 해. 물론 좋은 의도의 행동이 무조건 좋은 결과를 낳는 것은 아니야. 그래도 그런 노력을 멈추지 말아야지. 우리가 인간으로 태어나 지구에서 살게 된 첫 순간에 결정된 일이야. 우리가 이 거대한 세계와 크고 작은 영향을 계속 주고받을 수밖에 없는 것 말이야.

아마도 이 책의 독자 중에는 커서 지구환경운동가나 과학자가 되어 획기적으로 지구의 환경을 개선시키는 사람도 나올 거야. 그렇다면 그 친구의 내-생태계는 아주 크고 명확해지지. 그렇지 않더라도, 우리는 이 넓은 세계를 계속 염두에 두어야 해. 이 넓고 광활한 세계 속의 작은 구슬처럼 반짝이는 내-생태계를 잘 돌보고 가꾸고 지키기 위해서라도 말이야.

사실 우리가 내-생태계를 가꾸기 위해 해 왔던 모든 일이 지구의 환경에 영향을 미쳐. 예를 들어서 먹는 음식의 경우를 생각해 보자. 내가 먹는 음식이 아주 먼 곳, 내가 이름만 겨우 들어 본 까마득히 먼 나라에서 실려 오는 것이라면, 그 음식이 입에 들어올 때까지 비행기든 배든 뭔가를 타고 왔을 거야. 그때 석탄이든 석유든 에너지를 소비했겠지. 그 영향은 지구에 고스란히 발자국을 남겼을 거고. 먼 곳에서 오는 것만이 문제가 되는 건 아니야. 많은 음식이 지구의 환경에 작지만 날카로운 손톱자국을 남기며 생산되거나 조리돼. 우리가 무심코 그것을 먹고, 남은 음식을 버리면서 지구는 그만큼 조금씩 나빠지는 거지.

햄버거를 한 개 먹을 때, 아마존의 숲이 5제곱미터가 없어진다고 해. 아마존의 나무를 잘라서 콩을 키우거나 소가 먹을 풀을 키우고, 그것을 소들이 먹고 자라서 우리가 먹는 햄버거의 패티가 되는 거지. 영향력이 만만치 않지? 우리가 평생 먹는 끼니는 109,500번이나 된다고 앞에서 계산해 봤잖아. 한 끼 한 끼의 영향은 적을지 몰라도, 그쯤 되면 내가 평생 먹으면서 남기는 흔적은 꽤 뚜렷할걸.

먼 곳에서 실려 오는 음식이 남기는 발자국 때문에 지역에서 생산된 음식물만 먹자, 그 많은 가축을 키우기 위해 생기는 공해를 줄이기 위해 채소 중심으로 먹자, 남용되는 비료와 농약을 줄이기 위해 유기농 제품을 찾아 먹자, 일회용 포장된 음식을 피하자…… 이런 노력은 다양하게 진행되고 있어. 지금부터라도, 내가 먹는 것이 무엇인지 관심을 가지고 봐. 어디서 왔는지 꼼꼼히 보고, 주재료가 무엇인지 다시 한 번 살피고, 가능하면 다른 것으로 대체 가능한지 알아보는 거지. 그러다 보면 점점 더 내가 먹는 것이 지구에 덜 나쁜 영향을 미치는 방향으로 가게 될 거야. 매일매일 먹는 양을 생각해 보면, 그건 꽤 보람찬 일이라고.

옷의 경우도 그래. 앞에서도 말했지만 '패스트 패션'이라는 말 아래 유행이 점점 빨리 바뀌면서, 유행에 맞지만 대충 만든 싼 옷들이 가게마다 넘쳐 나게 됐지. 재료들은 낭비되고, 임금이 싼 가난한 나라의 노동자들은 더 고생하게 됐고, 쓰레기는 지구를 더럽혔지. 질 좋은 몇 벌의 옷을 깨끗하게 손질해서 오래 입는 건 이젠 미덕이야.

옷을 입는다는 단순한 행위로 지구와 이웃을 생각하는 사람이 되는 거지.

싸게 대량생산된 건 옷만이 아니지. 물건들도 마찬가지야. 마트에 가면 1+1로 팔거나 플라스틱으로 만든 주방 도구 같은 걸 보너스로 붙여 파는 걸 쉽게 볼 수 있어. 천 원짜리 몇 장이면 필요한 물건을 구입할 수 있는 가게들도 많아졌지. 덕분에 가난한 사람도 편리하게 살게 되었잖아, 라며 좋은 점을 내세울 수도 있지만, 그 때문에 함부로 쓰고 금방 버려지는 물건들이 지구를 뒤덮어 버리게 된 것도 사실이야.

'내-생태계'를 잘 가꾸면 '우리-생태계'도 좋은 영향을 받게 돼. 좋은 건 좋은 것을 부르지. 내 몸속부터 시작한 가꾸는 손길이 점점 뻗어 가면서 세계를 좀 더 좋게 만드는 것. 참 뿌듯한 일이야. 사람들은 자기를 위하는 것을 이기적이라고 하는데, 진정 이기적인 것이라면 세계를 좋게 만들 수밖에 없어. 우리 모두가 내-생태계를 부지런히 가꾼다면 수많은 걱정이 사라질걸. 가꾼다는 것의 힘, 대단하지 않아?

생각이 찾아오는 학교 너머학교

생각교과서 너머학교 열린교실

생각한다는 것
고병권 선생님의 철학 이야기
고병권 지음 | 정문주 · 정지혜 그림

탐구한다는 것
남창훈 선생님의 과학 이야기
남창훈 지음 | 강전희 · 정지혜 그림

기록한다는 것
오항녕 선생님의 역사 이야기
오항녕 지음 | 김진화 그림

읽는다는 것
권용선 선생님의 책 읽기 이야기
권용선 지음 | 정지혜 그림

느낀다는 것
채운 선생님의 예술 이야기
채운 지음 | 정지혜 그림

믿는다는 것
이찬수 선생님의 종교 이야기
이찬수 지음 | 노석미 그림

논다는 것
오늘 놀아야 내일이 열린다!
이명석 글 · 그림

본다는 것
그저 보는 것이 아니라 함께 잘 보는 법
김남시 지음 | 강전희 그림

잘 산다는 것
강수돌 선생님의 경제 이야기
강수돌 지음 | 박정섭 그림

사람답게 산다는 것
오창익 선생님의 인권 이야기
오창익 지음 | 홍선주 그림

그린다는 것
세상에 같은 그림은 없다
노석미 글 · 그림

관찰한다는 것
생명과학자 김성호 선생님의 관찰 이야기
김성호 지음 | 이유정 그림

말한다는 것
연규동 선생님의 언어와 소통 이야기
연규동 지음 | 이지희 그림

이야기한다는 것
이명석 선생님의 스토리텔링 이야기
이명석 글 · 그림

기억한다는 것
신경과학자 이현수 선생님의 기억 이야기
이현수 지음 | 김진화 그림

가꾼다는 것
'내-생태계'와 함께 성장하는 이야기
박사 글 · 그림

너머학교 고전교실

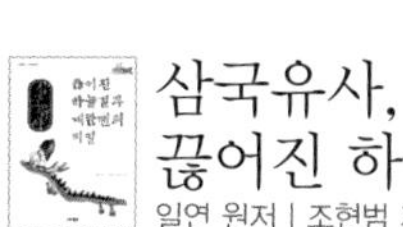

삼국유사, 끊어진 하늘길과 계란맨의 비밀
일연 원저 | 조현범 지음 | 김진화 그림

종의 기원, 모든 생물의 자유를 선언하다
찰스 다윈 원저 | 박성관 지음 | 강전희 그림

너는 네가 되어야 한다

고전이 건네는 말 1

수유너머R 지음 | 김진화 그림

나를 위해 공부하라

고전이 건네는 말 2

수유너머R 지음 | 김진화 그림

독서의 기술,
책을 꿰뚫어보고 부리고 통합하라

모티머 J. 애들러 원저 | 허용우 지음

우정은 세상을 돌며 춤춘다

고전이 건네는 말 3

수유너머R 지음 | 김진화 그림

대화편,
플라톤의 국가란 무엇인가

플라톤 원저 | 허용우 지음 | 박정은 그림

감히 알려고 하라

고전이 건네는 말 4

수유너머R 지음 | 김진화 그림

아Q정전,
어떻게 삶의 주인이 될 것인가

루쉰 원저 | 권용선 지음 | 김고은 그림

언제나 질문하는 사람이 되기를

고전이 건네는 말 5

수유너머R 지음 | 김진화 그림

경연,
평화로운 나라로 가는 길

오항녕 지음 | 이지희 그림

유토피아,
다른 삶을 꿈꾸게 하는 힘

토머스 모어 원저 | 수경 지음 | 이장미 그림

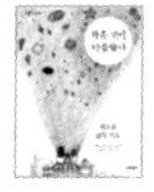

작은 것이 아름답다, 새로운 삶의 지도

에른스트 프리드리히 슈마허 원저 | 장성익 지음 | 소복이 그림

더불어 고전 읽기

욕망, 고전으로 생각하다

수유너머N 지음 | 김고은 그림

사랑, 고전으로 생각하다

수유너머N 지음 | 전지은 그림

진화와 협력, 고전으로 생각하다

수유너머N 지음 | 박정은 그림

질문과 질문으로 이어지는 생각 익힘책

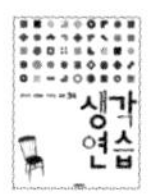

생각연습

생각의 근육을 키우는 질문 34

리자 하글룬트 글 | 서순승 옮김 | 강전희 그림

공존의 터전

쿠바 알 판 판 알 비노 비노

오로가 들려주는 쿠바 이야기

오로 · 김경선 지음 | 박정은 그림

가꾼다는 것

2017년 10월 20일 제1판 1쇄 발행
2018년 6월 12일 제1판 2쇄 발행

지은이 박사
펴낸이 김상미, 이재민

기획 고병권
편집 김세희
디자인기획 민진기디자인

종이 다올페이퍼
인쇄 청아문화사
제본 길훈문화

펴낸곳 너머학교
주소 서울시 종로구 자하문로24길 32-12 2층
전화 02)336-5131, 335-3366, 팩스 02)335-5848
등록번호 제313-2009-234호

ISBN 978-89-94407-65-4 44590
ISBN 978-89-94407-10-4 44080(세트)

너머북스와 너머학교는 좋은 서가와 학교를 꿈꾸는 출판사입니다.